ESTHER SCHMIDT

TIER *aktiv*

Spiel- und Wohnideen für

Meerschweinchen

Inhalt

Meerschweinchen sind echte Energiebündel und strotzen vor Tatendrang.

ROHFASERREICHE KOST HÄLT DIE VERDAUUNG IN SCHWUNG UND DIE BACKENZÄHNE IN FORM.

So leben Meerschweinchen

Mit ihrem drolligen Aussehen, ihrem unwiderstehlichen Charme und dem zutraulichen und gutmütigen Wesen erobern Meerschweinchen unsere Herzen im Sturm. Wer sich aber auf Dauer an der erfrischenden Lebendigkeit und dem außergewöhnlichen Verhaltensrepertoire dieser kleinen Kobolde erfreuen will, muss die Ansprüche und Bedürfnisse der Meerschweinchen kennen und ihnen gerecht werden. Hierbei hilft ein Blick ins Reich ihrer wilden Verwandtschaft.

Lebensweise

Meerschweinchen stehen ganz oben auf dem Speiseplan kleiner Raubtiere und Greifvögel. Ständige Wachsamkeit, enger Gruppenzusammenhalt, blitzschnelle Flucht und eine perfekte Tarnung sind die Strategien, die ihnen das Überleben sichern.

VERSTECKKÜNSTLER

Meerschweinchen sind keine Kämpfernaturen, dafür aber echte Talente im Versteckspielen. Selbst der gefährlichste Gegner hat rasch das Nachsehen, wenn die scheinbar leichte Beute urplötzlich aus seinem Gesichtsfeld entschwindet. Die flinken Fellnasen steuern zielsicher den nächsten Unterschlupf an, tauchen ab und verharren regungslos, bis die Gefahr vorüber ist.

EINGESPIELTES TEAM

Beim täglichen Überlebenskampf zählt Teamwork. Der Bedrohung durch Feinde begegnen die Meerschweinchen mit reibungsloser Kommunikation und dem engen Zusammenhalt in der Gruppe.

GUT ABGEHÄRTET

Wildmeerschweinchen sind nahezu überall in Südamerika beheimatet. Sie leben vorwiegend in Savannen, im Busch- und Grasland. In den Anden aber trifft man sie noch in Höhenlagen von bis zu 4500 m. Bei richtiger Haltung macht auch unseren Pfleglingen ein eisiger Winter nichts aus.

GUT GETARNTE VERWANDTSCHAFT

Wildmeerschweinchen sind perfekt an ihre Umwelt angepasst. Mit ihrem schlanken Körper schlängeln sie sich durch das dichteste Gestrüpp, ihr glattes, unauffälliges Fell sorgt für perfekte Tarnung. Ein krasser Gegensatz zur Frisurenvielfalt und Farbenpracht der Hausmeerschweinchen.

VOM START WEG FIT FÜRS LEBEN

Die Meerschweinchenbabys kommen fix und fertig auf die Welt. Das Verhaltensmuster »Flüchten und Verstecken« ist ihnen angeboren, auch wenn sie anfangs noch auf Mamas Hilfe und Schutz vertrauen.

Sinnesleistungen

Den Attacken ihrer vielen Feinde haben Meerschweinchen nichts entgegenzusetzen. Sie müssen ihr Heil in der Flucht suchen. Dafür hat sie die Natur mit flinken Beinen und besonders leistungsfähigen Sinnen ausgestattet.

ALLES IM BLICK

Die seitlich am Kopf sitzenden Augen erlauben Meerschweinchen eine gute Rundumsicht, Feinde werden schnell entdeckt. Das räumliche Sehen hingegen ist eingeschränkt.

FEINSCHMECKER

Meerschweinchen sind kleine Nimmersatte. Trotzdem futtern sie noch lange nicht alles, was Mutter Natur ihnen auftischt. Als Vegetarier gehören sie zu den Tieren mit den meisten Geschmacksknospen auf der Zunge. Die helfen dabei, Pflanzen als lecker, bekömmlich oder giftig einzustufen. Im Zuge der Haustierwerdung haben die Meerschweinchen diese Fähigkeit teilweise verloren. Giftpflanzen sollten deshalb aus der Reichweite der Tiere entfernt werden.

IM DUNKELN UNTERWEGS

Ihre Tasthaare um Mund und Nase reagieren auf feinste Berührungen und melden Hindernisse rechtzeitig. So können sich Meerschweinchen auch im Dunkeln gut orientieren.

DIE NASE IMMER IM WIND

Der Geruchssinn der Meerschweinchen ist stark ausgeprägt. Sie können 1000-mal geringere Duftkonzentrationen wahrnehmen als der Mensch. Diese Sinnesleistung hilft ihnen nicht nur bei der Futtersuche und der schnellen Enttarnung von Fressfeinden oder sippenfremden Artgenossen, sondern leistet auch sehr gute Dienste bei der Partnersuche.

HOCHLEISTUNGSOHREN

Meerschweinchen verfügen über ein hervorragendes Gehör. So können sie nicht nur die vielfältigen Laute der Artgenossen richtig einordnen, sondern registrieren auch anschleichende Feinde rechtzeitig.

Körpersprache

Für Meerschweinchen ist eine unmissverständliche Kommunikation untereinander lebenswichtig. Die Körpersprache spielt dabei eine zentrale Rolle. Sie gibt auch dem Halter Aufschluss über das Befinden seiner Schützlinge.

STÄRKE ZEIGEN

Die Rangkämpfe der Meerschweinchen laufen nach genauen Regeln ab. Treffen zwei Kontrahenten aufeinander, umkreisen sie sich mehrmals und stampfen kraftvoll mit dem Hinterfuß auf. Dabei drehen sie ihr Hinterteil in die entsprechende Richtung mit, sodass der Gegner die volle Breitseite zu sehen bekommt. Durch dieses sogenannte Treteln versuchen die Tiere größer und stärker zu erscheinen, in der Hoffnung, dass sich der Kontrahent eingeschüchtert zurückzieht.

GERUCHSPROBE

Die Duftnote der Artgenossen ist der Personalausweis der Fellnasen. Sie gibt Auskunft über Geschlecht, Sippenzugehörigkeit, Rangstellung und Paarungsbereitschaft.

SAUBER UND GESTYLT

Meerschweinchen sind sehr reinlich und pflegen sich täglich von Kopf bis Fuß. Hilfe vom Halter ist nur in Ausnahmefällen nötig – etwa bei kranken und alten Tieren.

DER CHEF DARF AUFREITEN

Das Aufreiten, auch Bespringen oder Rammeln genannt, dient nicht allein der Fortpflanzung, sondern hilft den Meerschweinchen, ihren Platz in der Rangordnung der Gruppe zu finden. Daher zeigen auch Weibchen und Jungtiere dieses Verhalten. Ranghöhere Tiere bekräftigen durch häufiges Aufreiten ihre Stellung innerhalb der Familie.

GÄHNEND KAPITULIEREN

Gähnen ist kein Zeichen von Müdigkeit, sondern von Unterwerfung. Das Meerschweinchen reißt sein Mäulchen weit auf und signalisiert auf diese Weise, dass es den Kontrahenten als Ranghöheren akzeptiert.

Verhaltensweisen

Nur bei artgerechter Haltung entfalten sich Meerschweinchen wie in freier Natur und leben ihre typischen Verhaltensweisen voll aus. Dann drehen die quirligen Fellnasen so richtig auf und erfreuen uns mit witzigen Kapriolen.

IM GÄNSEMARSCH

Auf fremdem Terrain sind Meerschweinchen im Gänsemarsch unterwegs. Der Boss voraus, die anderen folgen wie an der Perlenschnur aufgereiht. Der Duft des Vordermanns weist den Weg.

KLEINE NIMMERSATTE

Da der Meerschweinchenmagen kaum Muskulatur besitzt, wird der Nahrungsbrei allein durch ständigen Nachschub weitertransportiert. Deshalb müssen die kleinen Nager rund um die Uhr futtern. Heu ist ihr tägliches Brot und muss stets verfügbar sein. Die rohfaserreiche Kost hält die Verdauung in Gang, unterstützt den Backenzahnabrieb und sorgt für eine schlanke Taille.

PAUSENZEIT

Meerschweinchen brauchen ihre Ruhephasen und ziehen sich dafür meist in einen Unterschlupf zurück. Nur wenn sie sich völlig sicher fühlen, relaxen sie unter freiem Himmel – am liebsten gemeinsam mit einem guten Kumpel.

IMMER IN AKTION

Als Beutetiere sind Meerschweinchen der ständigen Bedrohung durch ihre Fressfeinde ausgesetzt und müssen stets in Bewegung bleiben. Ein weiter Aktionsradius zum Rennen, Springen und Toben ist für ein aktives und gesundes Meerschweinchenleben deshalb unerlässlich.

EIFRIGE NAGER

Mit dem Benagen von harter Kost halten die Meerschweinchen ihre ständig nachwachsenden Schneidezähne kurz und in Form. Gut geeignet für den Zahnabrieb sind Äste und Zweige von Apfelbaum, Haselnuss und Co. Die Inhaltsstoffe der Rinde stärken zugleich das Zahnfleisch.

MIT EINEM SICHEREN UNTERSCHLUPF IM RÜCKEN FÜHLEN SICH DIE FELLNASEN PUDELWOHL.

Wohnparadiese für quirlige Fellnasen

Großzügige Gehege mit multifunktionalem Mobiliar sind genau nach dem Geschmack der Meerschweinchen. Hier zeigen sie uns mit ihrer überschäumenden Lebensfreude und unbändigen Aktionslust, dass sie alles andere als Langweiler sind.

Eine artgerechte Haltung ist die Voraussetzung für ein unbeschwertes und langes Leben der flinken Fellnasen.

Wohnen mit Wohlfühlgarantie

Nur wer die Lebensweise der Meerschweinchen genau kennt, kann ihren Ansprüchen auch gerecht werden (→ Klappe vorn). Zwei wichtige Kriterien werden bei der Haltung der kleinen Fellnasen leider oft unterschätzt: Meerschweinchen brauchen viel Platz und mindestens einen Artgenossen als Freund.

Bewegung hält fit: In freier Natur kämpfen Meerschweinchen täglich ums Überleben. Da sie sich nicht verteidigen können, lautet ihre Devise: fliehen und verstecken. Die Strategie funktioniert prima, denn Meerschweinchen sind reaktionsschnell und sehr flink – auch wenn man es ihren kurzen Beinchen nicht ansieht. Dieser Bewegungsdrang ist auch bei den Heimtieren ungebremst. Meerschweinchen brauchen Platz zum Rennen, Springen und Herumtoben. Ausreichende Bewegung hält fit, baut Stress ab und schützt vor Übergewicht. Zwei Tiere brauchen eine Grundfläche von mindestens 2 m², jedes weitere Meerschweinchen zusätzlich 0,5 m². Besonders aktiv sind die Zwerge, wenn sie viele Kumpel haben.

Artgleiche Gesellschaft: Auch wenn sich der Mensch noch so bemüht, der richtige Sozialpartner für ein Meerschweinchen ist er nicht. Zu einem erfüllten Leben brauchen die Fellnasen mindestens einen Artgenossen, mit dem sie spielen, rennen und einen Plausch halten können. Erst dann enthüllen sie uns ihr wahres Wesen, überraschen uns mit interessanten Verhaltensweisen und nicht selten mit feurigem Temperament.

Viel Platz zum Rennen

Käfig mit Auslauf: Frischgebackene Meerschweinchenhalter greifen oft zum Kleintierkäfig. Doch selbst geräumige Modelle sind für einen Doppelpack Schweinchen zu klein. Planen Sie einen angrenzenden Freilauf ein, den die Tiere selbstständig und rund um die Uhr nutzen können. Stundenweiser Auslauf ist besser als reine Käfighaltung, aber keine echte Alternative, da sich die Aktivzeiten der Meerschweinchen nur schwer in unseren Tagesrhythmus integrieren lassen. Zudem müssen Meerschweinchen ein Gehege, das nicht ständig zugänglich ist, immer aufs Neue erkunden. Bis die misstrauischen Fluchttiere das Gelände als sicher eingestuft haben, vergeht viel Zeit. Und die fehlt dann fürs Toben und Rennen.

Tipp: Im Zoohandel finden Sie passende Gehegeabtrennungen für jede Gelegenheit (→ Seite 20/21).

De-luxe-Domizil: Die beste Lösung für ein langes, glückliches Meerschweinchenleben ist ein großes, dauerhaft installiertes Gehege, das speziell auf die Bedürfnisse der Tiere ausgerichtet ist. So müssen Sie als Halter auch keine Gewissensbisse haben, wenn es mit dem Zusatzauslauf nicht immer klappt.

Tipp

Trotz eines großzügigen Geheges sind Ihre Meerschweinchen für jeden zusätzlichen **Ausflug** dankbar, denn er bringt viel Abwechslung und Spaß in den Schweinchenalltag. Doch achten Sie beim Freilauf auf mögliche **Gefahrenquellen**, wie freiliegende Kabel, spitze Gegenstände und giftige Pflanzen.

Rechteckige Gehegeformen stehen auf der Wunschliste der Fellnasen ganz oben. Sie bieten viel Platz, eine lange Rennstrecke und genug Ecken zum Zurückziehen. Ob Kaufmodell oder Eigenkreation, Bodengehege oder Etagenbau – Ihre Fellbündel werden in jedem Fall begeistert sein.

Etagenbau: Wenn die Grundfläche klein ist, legt man das Meerschweinchendomizil mehrstöckig an.

Die eingebaute Etage schafft zusätzlichen Bewegungsraum.

In ihrem weitläufigen Bodengehege haben die Bewohner reichlich Platz zum Toben, Rennen und Spielen.

Ganz individuell: Gehege im Eigenbau

Der große Vorteil von Eigenbauten liegt auf der Hand: Das Meerschweinchengehege lässt sich perfekt in die Wohnung integrieren. Sie bestimmen Form und Größe selbst, können jede freie Ecke nutzen und den Bewohnern dadurch viel Platz bieten. Besonders beliebt sind Bodengehege. Auch wenn es der Name vermuten lässt, muss ein Bodengehege nicht zwangsläufig auf dem Boden stehen. Um Fußkälte zu vermeiden, kann die Bodenplatte mit einem Auflagerahmen versehen oder mit Rollen transportabel gemacht werden. Auch ein Unterbau, der Gehege und Meerschweinchen in Augenhöhe rückt, ist möglich. Das ist praktisch fürs Reinigen und Beobachten und fördert die Vertrauensbildung. Nachteil des erhöhten Standorts: Die Meerschweinchen können den Auslauf nicht nach eigenem Belieben nutzen. Bei eingeschränktem Platzangebot sind Etagenbauten (→ **Bild, Seite 13**) eine gute Lösung, doch dann ist zusätzlicher Bodenauslauf Pflicht.

Bau-anleitung

Bodengehege

Verwöhnen Sie Ihre Meerschweinchen mit einem tollen Gehege. Ein Eigenbau muss nicht schwierig sein, denn wahrer Luxus zeigt sich nicht in aufwändigen Details. Was Ihre quirligen Meerschweinchen wirklich wollen und brauchen, ist Bewegungsfreiheit, und davon bitte so viel wie möglich. Unser Rechteckgehege bietet mit über zwei Quadratmetern Grundfläche plus geräumiger Etage genug Platz zum Herumtollen und Spielen, inklusive superlanger Rennstrecke.

ARBEITSMITTEL

- ☐ Handkreissäge
- ☐ Stichsäge
- ☐ Akkuschrauber
- ☐ Winkel mit 90°
- ☐ Bleistift und Zollstock
- ☐ Bohrer, ∅ 3 mm und 8 mm
- ☐ feines Schleifpapier
- ☐ Schraubzwingen
- ☐ Cuttermesser
- ☐ Wasserwaage
- ☐ Blechschere
- ☐ Silikonspritze

ARBEITSMATERIAL

- ☐ Dachlatten, gehobelt, 4,5 × 2,5 cm, Länge: 1,8 m (2 ×), 1,11 m (2 ×), 1,71 m (1 ×)
- ☐ Vierkanthölzer, gehobelt, 4,5 × 4,5 × 31,5 cm, mit 1 Nut (2 ×) und mit 2 Nuten (2 ×) an gegenüberliegenden Seiten (je Nut 1 cm tief und 0,5 cm breit)
  Tipp: Lassen Sie die Nuten im Baumarkt einfräsen oder bringen Sie sie mit einem extrabreiten Sägeblatt selbst ein.
- ☐ 2 OSB-Platten, 15 mm stark, 1,80 × 0,60 m
- ☐ Möbelbauplatten, 19 mm stark, Größe: 1,80 × 0,60 m (1 ×) und 1,219 × 0,60 m (2 ×)
- ☐ Universalschrauben, 4 × 30 mm, 4 × 40 mm und 4 × 70 mm (Durchmesser × Länge)
- ☐ abgewinkelte Alu-Schiene, 20 × 20 mm, 1,80 m lang (Teppichleiste)
- ☐ 3 × Bastlerglas, 4 mm stark, 56 × 29,5 cm
- ☐ PVC-Belag, 1,20 × 1,80 m
- ☐ doppelseitiges Klebeband
- ☐ ungiftiges Silikon (Aquasilikon)

Für die Etage:

- ☐ 2 Leimholzbretter, 18 mm stark, Größe: 1,80 × 0,40 m und 0,40 × 0,21 m
- ☐ 4 Metallwinkel, 25 × 25 mm, inklusive Befestigungsmaterial
- ☐ ungiftiges Mittel zur Holzbehandlung, zum Beispiel Bienenwachs oder Leinöl

Erkunden des neuen Heims: Wohin mag diese Brücke wohl führen?

AUFLAGERAHMEN

Schritt 1: Sägen Sie die Dachlatten und die Vierkanthölzer aufs erforderliche Maß zu und entgraten Sie alle Schnittkanten.
Schritt 2: Schrauben Sie die Vierkanthölzer gleichmäßig verteilt auf die breite Seite einer 1,80 m langen Dachlatte (➔ Bild 1). Platzieren Sie dabei die Pfosten mit einer Nut links und rechts bündig an den Enden der Latte. Die Nuten müssen zueinander zeigen. Das Abstandsmaß von Pfosten zu Pfosten beträgt jeweils 54 cm. Bringen Sie je zwei diagonal angeordnete Schrauben (70 mm lang) ein. Bohren Sie grundsätzlich bei allen Schraubverbindungen zunächst mit dem 3-mm-Bohrer vor und senken Sie dann mit dem 8-mm-Bohrer so tief an, dass die Schraubenköpfe später verschwinden.
Schritt 3: Verbinden Sie die Dachlatten mit 70 mm langen Schrauben zum Rechteck mit den Außenmaßen 1,20 × 1,80 m. Die Latte mit den aufgeschraubten Pfosten bildet die Vorderkante. Die einzelne Dachlatte teilt das Rechteck mittig und dient als zusätzliche Auflage für die Bodenplatte (➔ Bild 2).

Tipp

Die Investition in **Möbelbauplatten** (beschichtete Spanplatten) lohnt sich. Die Platten lassen sich prima reinigen und es **dringt keinerlei Feuchtigkeit in das Holz**. Mit den Möbelbauplatten **beugen Sie unschönen Flecken und unangenehmen Gerüchen vor**, denn selbst bei ausgesprochen stubenreinen Meerschweinchen kommt es dann und wann einmal vor, dass sie ihr Revier markieren.

BODENPLATTE

Schritt 1: Um sie leichter handhaben zu können, ist die Bodenplatte geteilt. Dafür müssen Sie zwei OSB-Platten in den angegebenen Maßen zuschneiden. Eine Platte benötigt vier 4,5 × 4,5 cm große Aussparungen für die Pfosten. Dazu legt man die Platte auf

Bild 1: Anschrauben der Vierkantpfosten.

Bild 2: Verschrauben des Rechteckrahmens.

Bild 3: Befestigen der Bodenplatte.

Bild 4: Anschrauben der mittleren Vierkantpfosten an die Bodenplatte.

den Rahmen und zeichnet die Position der Aussparungen vor Ort an.

Schritt 2: Schneiden Sie den PVC-Belag entsprechend der ganzen Bodenplattenform zu.

Schritt 3: Befestigen Sie jetzt die Bodenplatte mit den 30 mm langen Schrauben auf dem Rahmen (➜ Bild 3).

Schritt 4: Fixieren Sie das PVC mit doppelseitigem Klebeband auf der Bodenplatte. Der Belag verhindert, dass Feuchtigkeit ins Holz dringt und erleichtert die Reinigung.

Schritt 5: Um sie standfester zu machen, befestigt man die mittleren Vierkantpfosten zusätzlich mit jeweils einer 70 mm langen Schraube an der Bodenplatte (➜ Bild 4).

RÜCK- UND SEITENWÄNDE

Schritt 1: Sägen Sie die Möbelbauplatten für die Rückwand und die beiden Seitenwände gemäß der Zeichnungen 1a und 1b (➜ Seite 70) zu und entgraten Sie alle Schnittkanten.

Schritt 2: Nun wird die Rückwand mit den 40 mm langen Schrauben an der hinteren Rahmenseite befestigt.

Schritt 3: Die Seitenwände am Rahmen und an der Rückwand anschrauben (➜ Bild 5).

Tipp: Für die Schnittkanten gibt es passende Dekorfolie zum Aufkleben.

Schritt 4: Versiegeln Sie den Übergang vom PVC-Belag zu den Seitenwänden mit ungiftigem Silikon. Damit die Nagezähne keine Angriffsfläche finden, verstreichen Sie den Silikonstrang mit dem Zeigefinger.

Tipp: Silikon klebt nicht an Ihrem Finger, wenn Sie ihn vorher in eine Mischung aus Wasser und Spülmittel tauchen.

Bild 5: Anbringen der Rück- und Seitenwände.

DIE VORDERFRONT

Schritt 1: Verkleiden Sie die vordere Dachlatte mit einer abgewinkelten Alu-Schiene, zum Beispiel einer Teppichleiste. Sie verdeckt frei liegende Holz- und PVC-Kanten, an denen die Tiere beim Freilauf knabbern könnten. An den Pfosten schneidet man die Schiene mit der Blechschere passend aus.

Schritt 2: Schneiden Sie aus Bastlerglas drei Platten in den erforderlichen Maßen zu.

Tipp: Wenn Sie die Schnittkanten vorher mit einem Gewebeband bekleben, kann beim Sägen nichts ausreißen.

Schritt 3: Jetzt werden die Platten in die Nuten eingeschoben (➜ Bild 6). Die durchsichtige Front erlaubt einen guten Ein- und Ausblick und lässt sich beim Großputz kinderleicht entfernen. Auf diese Weise gelangen die Meerschweinchen auch im Alleingang in den Freilauf, ohne dass Sie ihnen dafür ein Türchen einbauen müssen.

Tipp: Damit beim Freilauf keine Einstreu herausfällt, schneiden Sie aus Resten von Bastlerglas eine ca. 6 cm hohe Schmutzleiste zu und schieben sie anstelle der hohen Glaswand ein. Alternativ kann man auch von Anfang an eine geteilte Glaswand vorsehen. Für den gefahrlosen Übergang eignen sich biegsame Weidenbrücken (Zoofachhandel). Aus Holzresten lässt sich eine Brücke auch selbst basteln (➜ Bild 7).

Info: Wem die Gestaltung der Vorderfront zu kompliziert ist, schraubt einfach über die gesamte Länge ein 34 cm hohes Brett an.

EINBAU EINER ETAGE

Schritt 1: Sägen Sie die beiden Leimholzbretter in den erforderlichen Maßen zu. Das kleine Brett erhält eine Öffnung gemäß der Zeichnung 1c (➜ Seite 70). Anschließend entgraten Sie bitte die Schnittkanten.

Bild 6: Einschieben der Glastrennwände.

Bild 7: Ausstiegselement Marke Eigenbau.

Bild 8: Das fertige Bodengehege mit Etagenbrett.

Bild 9: Winkelauflage für das Etagenbrett.

Schritt 2: Behandeln Sie die Bretter mehrfach mit ungiftiger Lasur, damit keine Nässe in das Holz eindringt.
Schritt 3: In 21 cm Höhe vier Metallwinkel so an Rück- und Seitenwänden befestigen, dass das Etagenbrett sicher aufliegt (→ Bild 9).
Schritt 4: Das kleine Brett mit der Öffnung nach unten unter das Etagenbrett schieben und von oben mit zwei 30-mm-Schrauben fixieren. Diese mittig gesetzte Trennwand ist eine zusätzliche Auflage fürs Etagenbrett und schafft zwei geräumige Nischen.
Schritt 5: Lassen Sie das fertige Gehege (→ Bild 8) einige Tage ausdünsten. Silikon-, PVC- und Farbgerüche sind nichts für empfindliche Meerschweinchennasen.

RAMPE UND RENNSTRECKE

Auch wenn der Sprung auf das Etagenbrett keine große Herausforderung für Meerschweinchen darstellt, darf eine Rampe (→ Seite 31) nicht fehlen. Sie gewährleistet, dass auch Sportmuffel und ältere Semester in den oberen Wohnraum gelangen. Planen Sie beim Einrichten des Geheges eine freie und möglichst lange Rennstrecke ein, damit die kleinen Flitzer richtig durchstarten können. Ein Haus oder Unterstand pro Bewohner ist ideal und vermeidet Streit um das Mobiliar. Unterschiedliche Bodenstrukturen, wie Steinmatten, Korkplatten und Fliesen, unterstützen den Krallenabrieb.

Tipp

Eine **Deckenabsicherung** schützt Ihre Fellnasen vor anderen tierischen Hausbewohnern. Einfach **zwei Holzrahmen** fertigen, **mit Draht bespannen** und mit einem **Scharnier** klappbar befestigen.

Gehegevariationen

Im Zoofachhandel finden Sie eine Vielzahl unterschiedlicher Gehegeabtrennungen, mit denen sich der Aktionsradius Ihrer Meerschweinchen erweitern lässt. Auch Eigenbau ist möglich. Im Baumarkt gibt es alles, was nötig ist. Die Abtrennungen müssen stabil sein und sicher stehen, um auch wilden Aktionen der Bewohner standzuhalten. Eine zusätzliche Wandbefestigung kann hilfreich sein. Meist reichen 30 cm Gehegehöhe, da Meerschweinchen nicht zu den notorischen Ausbrechern zählen. Trotzdem sollten Sie die Tiere bei den ersten Freiläufen beobachten, um Schwachstellen sofort zu erkennen.

Einfach praktisch: Aus stabilen Papptafeln und breitem Gewebeband zaubern Sie im Nu eine preisgünstige Abtrennung. Wenn Sie einen Spalt zwischen den Tafeln lassen, kann man sie platzsparend zusammenfalten und verstauen (→ Bild 4).

Durchblick garantiert: Abtrennungen aus Bastlerglas bieten elegante Optik und guten Ein- und Ausblick. Die Glastafeln lassen sich kinderleicht mit speziellen Auslaufpfosten (Fachhandel) verbinden. Das sind Vierkanthölzer mit Nuten, in die die Tafeln einfach eingeschoben werden. Die Nuten befinden sich auf mehreren Seiten, man kann also auch bequem um die Ecke bauen (→ Bild 1). Im Eigenbau geht es auch billiger: Kaufen Sie im Baumarkt ein einfaches Vierkantholz und bringen Sie die Nuten mit einem extrabreiten Sägeblatt selbst ein oder schrauben Sie zur Führung der Glasplatten je zwei kleine Holzleisten auf das Vierkantholz. Der Abstand der Leisten richtet sich nach der Glasstärke.

Schwer auf Draht: Rechteckige Holzrahmen verlangen kein besonderes Bastlergeschick. Tackern Sie auf die Rahmen kleinmaschigen und bissfesten Draht. Die Rahmen verbindet man mit Scharnieren, um das Gehege bei Bedarf zusammenklappen zu können. Ein zu Ihrer Wohnungseinrichtung passender Farbanstrich ist das Tüpfelchen auf dem i. Wer nicht basteln will, kauft ein Freigehege im Zoofachhandel (→ Bild 3). Es gibt sie in unterschiedlichen Höhen.

Metallischer Schick: Metallgitter aus dem Zoofachhandel punkten mit geringem Gewicht, langer Lebensdauer und unkomplizierter Handhabung. Sie sind eigentlich für den Außenbereich gedacht, bewähren sich aber auch prima in der Wohnung. Empfehlenswert sind Stecksysteme, die sich beliebig erweitern und zügig auf-, um- und wieder abbauen lassen (→ Bild 5).

Simpler Plattenbau: Einfach Sperrholz- oder Spanplatten von 30 × 50 cm Größe so mit Gewebeband verbinden, dass man sie fächerartig einklappen kann (→ Bild 2) – und fertig ist die Gehegeabtrennung.

Tipp

Wenn Sie **zwei Meerschweinchengruppen** halten, ist Vorsicht am Platz. Lockt auf der anderen Seite ein Weib, überspringt ein liebestoller Bock locker 40 cm und mehr. Gut ist eine **Trennwand**, die keinen Sichtkontakt erlaubt, denn Meerschweinchen sind zu ängstlich, um ins Ungewisse zu springen.

1 Chic, dezent und modern: Diese gläserne Gehegevariante eignet sich nicht nur ideal zum Beobachten der Meerschweinchen, sie ist auch eine Zierde für die Wohnung. Darüber hinaus bietet sie Sicherheit für den Nachwuchs, denn Meerschweinchenbabys schlüpfen durch die kleinsten Lücken.

2 Sicher, stabil und preiswert: Bei dieser extrahohen Abtrennung aus Spanplatten kann man das Inventar unbesorgt am Rand platzieren. Dank der klappbaren Verbindung aus Gewebeband lässt sich die Abtrennung platzsparend aufbewahren.

3 Fix und fertig: Das Freigehege aus dem Zoohandel eignet sich auch prima für die Wohnung. Beim Zimmerfreilauf können damit Gefahrenstellen abgesichert werden.

4 Preiswerte Leichtbauvariante: Mit stabilen Papptafeln lassen sich in Windeseile auch größere Reviere abtrennen.

5 Ausbaufähiger Klassiker: Gehegeabtrennungen aus Metallgittern aus dem Zoofachhandel sind stabil und im Handumdrehen aufgebaut. Die Gitter sind in vielen Varianten erhältlich.

Unterschiedliche Bodenstrukturen fördern den Krallenabrieb.

Flexibel und schick: Selbstbauhäuser kann man zu attraktiven Wohneinheiten zusammenstellen.

Traumhäuser für Meerschweinchen

Meerschweinchenhäuser gibt es in vielen Materialien, Größen und Bauformen. Doch wie sieht die richtige Wohnung aus? In freier Natur leben die Fellnasen in Felsspalten und Erdhöhlen. Von dort haben sie alles im Blick, ohne selbst aufzufallen, und können sich bei Gefahr schnell in Sicherheit bringen. Meerschweinchen sind also von Haus aus nicht anspruchsvoll, ein einfaches Dach über dem Kopf reicht völlig. Die ideale Unterkunft ist ein flacher Unterstand, der Sicht nach allen Seiten erlaubt, genug Platz und reichlich Fluchtwege bietet und dessen Dach sich als Aussichtsplatz nutzen lässt. Achten Sie beim Hauskauf nicht nur auf die Optik, sondern vor allem auf Zweckmäßigkeit, ungiftige Materialien und solide Verarbeitung.

Einzelzimmer und Salon: Planen Sie einen Unterschlupf pro Tier ein. Bei Streit in der Familie wird der Verlierer oft ohne Pardon vor die Tür gesetzt und braucht einen Rückzugsort. Ein geräumiger Gemeinschaftstreff ist unverzichtbar: Meerschweinchen sind Familientiere und liegen gern beisammen, vermeiden aber den direkten Körperkontakt. Kuscheln wollen sie nur in Ausnahmefällen.

Stressfrei wohnen: Unsere Meerschweinchen müssen keine Fressfeinde fürchten. Trotzdem darf mindestens ein Notausgang pro Haus nicht fehlen. In der Sippe herrscht eine strenge Hierarchie. Wer aus der Reihe tanzt, wird sofort in die Schranken verwiesen. Viele Fluchtwege vermeiden unnötigen Stress und wahren den Familienfrieden.

Eigenbau nach Maß

Im Eigenbau können Sie die Möbel exakt an die Größe, Bedürfnisse und Vorlieben Ihrer Meerschweinchen anpassen.

Kombinierfähig: Die selbst gebauten Wohnungen sind untereinander kompatibel und lassen sich zu attraktiven Kombinationen zusammenstellen. Die unzähligen Aufbauvarianten bringen den neugierigen Fellnasen jede Menge Abwechslung und Spaß. Und auch Etagenbauten lassen sich realisieren.

Kostengünstig und flexibel: Die Kosten für den Eigenheimbau halten sich in Grenzen. Nicht zuletzt, weil man die Häuser flexibel einsetzen kann. Sie dienen gleichermaßen als Wohn- und Spielelemente, wie auch als Aufgänge und Aussichtsplattformen.

Optisch ansprechend: Das Gehege wirkt aufgrund der einheitlichen Bauweise der Häuser harmonisch und aufgeräumt. Die Bauten sind eine Zierde für jede Wohnung.

Das richtige Baumaterial

Als preisgünstiges, leicht zu verarbeitendes Baumaterial bewährt sich Leimholz. Es besteht aus mehreren Massivholzplatten, die entgegengesetzt miteinander verleimt sind. Das sorgt dafür, dass sich das Holz nicht so schnell verzieht. Der Leimanteil ist beim Leimholz im Vergleich zu Spanplatten relativ gering. Trotzdem sollten Sie den Meerschweinchen stets ausreichend gesunde Knabberkost in Form von Ästen und Zweigen anbieten, damit ihr Nagetrieb immer in die richtigen Bahnen gelenkt wird.

Tipp

Die Form der Selbstbauhäuser in diesem Buch ist einfach gehalten, damit auch Anfänger beim Bauen Erfolg haben. Handwerklich versiertere Halter können sich an geschwungenen Eingangsformen (→ Bild unten), Dachrelings oder anderen pfiffigen Extras und Details (→ Seite 31) versuchen.

Elegant geschwungene Eingänge verwandeln das schlichte Haus in einen schicken Wohnpalast.

Bau-anleitung

Grundlegende Arbeitsschritte beim Hausbau

Die wichtigsten Arbeitsgänge beim Hausbau sind Zusägen, Bohren und Verschrauben. Da sich diese Schritte ständig wiederholen, bekommen selbst ungeübte Baumeister schnell Routine. Wer Spaß am Bauen findet, kann die Häuser nach eigenem Geschmack abwandeln oder ganz neue Formen kreieren. Achten Sie aber bitte immer auf Zweckmäßigkeit und schaffen Sie keine Gefahrenstellen für Ihre Meerschweinchen.

ARBEITSMITTEL

- ☐ Handkreissäge
- ☐ Stichsäge
- ☐ Akkuschrauber
- ☐ Bohrer, ∅ 3 mm, zum Vorbohren
- ☐ Bohrer, ∅ 8 mm, zum Ansenken und für Holzdübel
- ☐ Lineal und Bleistift
- ☐ Zirkel
- ☐ Winkel mit 90°
- ☐ 2 Schraubzwingen
- ☐ feines Schleifpapier oder Holzfeile

ARBEITSMATERIAL

- ☐ Leimholzbretter, 18 mm stark, 40 cm, 30 cm und 20 cm breit
- ☐ 10–15 Universalschrauben pro Haus, 4 × 40 mm
- ☐ Pappe für Schablonen
- ☐ bei Bedarf Holzdübel, 30 mm, ∅ 8 mm, zur Fixierung bei Etagenbauten
- ☐ kleine Holzleisten und ungiftiger Leim für Haus C
- ☐ Scharnier, ca. 55 cm lang, mit Befestigungsmaterial für Haus F
- ☐ ungiftiges Mittel zur Holzbehandlung (Lasur)

Zuschneiden: Brett nach Anzeichnen der Schnittkanten mit Schraubzwingen auf der Arbeitsplatte fixieren und mit der Handkreissäge zusägen. Manche Bretter brauchen einen Gehrungsschnitt, um sie im Winkel zusammenzufügen. Stellen Sie die in der jeweiligen Zeichnung angegebene Gradzahl an der Säge ein und führen Sie den Schnitt an der markierten Schnittlinie aus (➜ Bild 1).
Tipp: Achten Sie beim Anzeichnen darauf, dass die Gehrungsschnitte in Faserrichtung des Holzes verlaufen. So reißt nichts aus und man erhält eine glatte Schnittkante.

Öffnungen einbringen: Zeichnen Sie die jeweilige Öffnungsform auf dem zugeschnittenen Brett an. Fertigen Sie sich dafür zwei Schablonen aus stabiler Pappe, das spart viel Zeit (➜ Zeichnungen 2a u. 2b, Seite 70). Fixieren Sie das Brett rechts und links mit Schraubzwingen auf zwei Arbeitsböcken. Dann die Öffnungen mit der Stichsäge aussägen (➜ Bild 2). Alternativ können die Öffnungen auch nach dem Zusammenbau des Hauses eingebracht werden. Probieren Sie aus, mit welcher Fertigungsart Sie am einfachsten zurechtkommen.
Tipp: Wenn Sie geschwungene Öffnungen bevorzugen (➜ Bild, Seite 23), sollten Sie auf dem Abfallstück entlang der Schnittlinie zunächst einige Hilfsbohrungen vornehmen. So kann die Stichsäge immer neu angesetzt werden und gut wenden.

Alle Steps auf einen Blick

Step 1: *Leimholzbretter mit der Handkreissäge auf das erforderliche Maß zuschneiden.*
Step 2: *Mittels Schablonen die Öffnungen anzeichnen und mit der Stichsäge aussägen.*
Step 3: *Alle Schnittkanten mit Schleifpapier oder einer Holzfeile entgraten.*
Step 4: *Die Schrauben in die vorgebohrten und leicht angesenkten Löcher eindrehen.*
Step 5: *Etagenbauten durch das Einsetzen von Holzdübeln vor dem Verrutschen sichern.*
Step 6: *Ein Farbanstrich schützt das Holz und verleiht dem Haus eine individuelle Note.*

Entgraten: Entgraten Sie alle Schnittflächen mit der Holzfeile oder feinem Schleifpapier, damit die Meerschweinchen und Sie selbst sich nicht an scharfen Kanten und Ecken verletzen können (→ Bild 3, Seite 25).
Tipp: Kleinere Schönheitsmängel lassen sich nach der Montage durch Nachschleifen zum Teil ausgleichen.
Verbinden: Als Verbindungen bewähren sich Schrauben, da sie über lange Zeit für hohe Stabilität sorgen. Zudem kann man einzelne Bretter ohne viel Aufwand austauschen, wenn sie mit der Zeit unansehnlich geworden sind. Bei sämtlichen Schraubverbindungen bohrt man immer zuerst mit dem 3-mm-Bohrer vor und senkt danach mit dem 8-mm-Bohrer so tief an, dass die Schraubenköpfe später in der Versenkung verschwinden (→ Bild 4, Seite 25).
Fixieren: Die stabilen Häuser lassen sich auch übereinander aufstellen. Zum Fixieren bohrt man mit dem 8-mm-Bohrer von oben 20 mm tiefe Löcher in die Seitenwände des unteren Hauses – Abstand vom Eckpunkt ca. 3 cm. Passend dazu 15 mm tiefe Bohrungen in die Unterseite des Obergeschosses einbringen. Die Holzdübel in die Löcher des unteren Hauses stecken und das obere Haus einfach daraufsetzen. Die Dübel verhindern, dass die Etagenwohnung verrutscht – selbst wenn es bei den Meerschweinchen einmal besonders turbulent zugeht. Vorteil dieser Verbindungsart: Sie lässt sich für Umbauten oder zum Saubermachen jederzeit leicht lösen (→ Bild 5, Seite 25).
Achtung! Um auf unebenem Boden oder bei hohen Aufbauten ein Kippen zu verhindern, sollten die Häuser miteinander verschraubt und eventuell an der Wand befestigt werden.

Tipp

Fehlende Arbeitsgeräte kann man im Baumarkt ausleihen. Hier finden Sie auch **fachkundige Hilfe**, falls beim Bau Probleme auftauchen. Gegen geringes Entgelt sägt man Ihnen gern die **Einzelteile auf Maß** zu und bringt bei Bedarf auch gleich die notwendigen Öffnungen an. Verwenden Sie für den Anstrich nur **ungiftige Farben und Lacke**, da die Meerschweinchen manchmal am Holz nagen.

Kombinieren und gestalten: Dank des einheitlichen Baustils lassen sich alle Haustypen gut miteinander kombinieren. Sie können aneinandergereiht, um die Ecke gebaut und übereinander platziert werden. Nach der Montage können Sie die neuen Häuser ganz nach Ihrem persönlichen Geschmack gestalten und verzieren (→ Bild 6, Seite 25). Sinnvoll ist die Behandlung mit einer nässeabweisenden Lasur, zum Beispiel mit Leinöl oder Bienenwachs. Das beugt unschönen Flecken vor und erleichtert die Reinigung. Bevorzugte Löseplätze schützt man am besten zusätzlich mit urindichten Decken. Der Fachhandel bietet hier eine bunte Auswahl. Mit einem Farbanstrich können Sie das Meerschweinchendomizil der Einrichtung Ihrer Wohnung anpassen.
Tipp: Wenn man die Häuser mit wetterfester Lasur behandelt, eignen sie sich auch für den Garten (→ Bild, Seite 49 unten rechts).

Alle Häuser auf einen Blick

Haus A: *Das perfekte Einsteigermodell für Neulinge in der Heimwerkerbranche.*
Haus B: *Die offene Vorderfront ermöglicht den Einschub einer flachen Wanne mit Einstreu.*
Haus C: *Eine praktische Kombination von Unterschlupf und Treppenelement.*
Haus D: *Geräumiges Hausmodell, mit dem man bequem um die Ecke bauen kann.*
Haus E: *Das aparte Haus im Dreiecksstil erlaubt die Umsetzung völlig neuer Wohnideen.*
Haus F: *Perfekter Gemeinschaftstreff. Hier findet die gesamte Meerschweinchensippe Platz.*

Bau-anleitung

Haus A – Unterstand

Haus A erlaubt den Kontrollblick nach allen Seiten und bei Bedarf die schnelle Flucht. Die Wohnung entspricht also ganz dem Geschmack der übervorsichtigen Fellnasen.

Schritt 1: Fünf Bretter gemäß Zeichnungen 3a u. b (→ Seite 70) und 3c (→ Seite 71) zuschneiden und Schnittkanten entgraten.
Schritt 2: Schrauben Sie zunächst die Rückwand (3a) rechtwinklig an ein Seitenteil (3b) an (→ Bild 1).
Schritt 3: Genauso befestigt man auch das zweite Seitenteil (3b) an der Rückwand.
Schritt 4: Nun wird die Vorderwand (3a) an die beiden Seitenteile geschraubt (→ Bild 2).
Schritt 5: Zuletzt muss das Deckbrett (3c) aufgeschraubt werden (→ Bild 3).

Bau-anleitung

Haus B – Offene Front

Haus B ist hinten geschlossen, eignet sich also prima als Wandmöbelstück. Die offene Front erlaubt den Einschub einer flachen Wanne mit Einstreu, Heu oder Sand.

Schritt 1: Vier Bretter gemäß Zeichnungen 4a–c (→ Seite 71) zuschneiden und Schnittkanten entgraten.
Schritt 2: Ein Seitenteil (4a) rechtwinklig an der Rückwand (4b) anschrauben (→ Bild 1).
Achtung: Die Rückwand sitzt bei dieser Konstruktion zwischen den Seitenteilen.
Schritt 3: Das zweite Seitenteil (4a) an der Rückwand befestigen. Die vordere Seite des Hauses bleibt offen (→ Bild 2).
Schritt 4: Zuletzt wird das Deckbrett (4c) aufgeschraubt (→ Bild 3).

Bau-anleitung

Haus C – Treppenhaus

Haus C dient zugleich als Wohnraum und Aufgangselement. Für bessere Trittsicherheit sollte die Schräge mit kleinen Holzleisten oder Teppichresten beklebt werden.

Schritt 1: Fünf Bretter gemäß der Zeichnungen 5a u. b (➜ Seite 71) und 5c u. d (➜ Seite 72) zuschneiden und Schnittkanten entgraten.
Schritt 2: Je ein trapezförmiges Seitenteil (5a) rechts und links an die Rückwand (5b) schrauben (➜ Bild 1).
Schritt 3: Schrauben Sie das Deckbrett (5c) auf (➜ Bild 2).
Schritt 4: Zum Schluss wird das Aufgangsbrett (5d) auf den Schrägen der Seitenteile befestigt. Die Seite mit dem Gehrungsschnitt muss nach oben zeigen (➜ Bild 3).

Bau-anleitung

Haus D – Eckhaus

Haus D passt wunderbar in jede Ecke, kann aber auch frei im Gehege platziert werden. Deshalb werden auch bei diesem Modell einige Hintertürchen eingebaut.

Schritt 1: Sechs Bretter gemäß der Zeichnungen 6a–f (➜ Seite 72) zuschneiden und Schnittkanten entgraten.
Schritt 2: Die Rückwände (6a und 6b) am Gehrungsschnitt miteinander verbinden.
Schritt 3: Nun rechts und links je ein Seitenteil (6c und 6d) anschrauben (➜ Bild 1).
Schritt 4: Schrauben Sie in diesem Schritt das Deckbrett (6e) auf (➜ Bild 2).
Schritt 5: Zuletzt das Vorderbrett (6f) mit zwei Schrauben von oben am Deckbrett fixieren (➜ Bild 3).

Bau-anleitung

Haus E – Dreiecksunterstand

Haus E besticht durch seine aparte Form. Aufgrund der Gehrungsschnitte lassen sich zwei Dreiecksunterstände passgenau zu einem großen Gruppenheim zusammenstellen.

Schritt 1: Drei Bretter gemäß der Zeichnungen 7a u. b (➡ Seite 73) zuschneiden und Schnittkanten entgraten.
Schritt 2: Zunächst verbindet man beide Seitenteile (7a) an den Gehrungsschnitten rechtwinklig miteinander (➡ Bild 1).
Schritt 3: Nun das dreieckige Deckbrett (7b) aufschrauben (➡ Bild 2).
Tipp: Eine zusätzliche Trennwand, die nicht bis zur Ecke reicht (➡ Zeichnung 7c, Seite 73), teilt das große Areal in zwei Nischen, ohne den Durchgang zu versperren (➡ Bild 3).

Bau-anleitung

Haus F – Big House

Haus F bietet genug Platz für ein ganzes Meerschweinchenrudel. Bei Stress in der Familie erlauben viele Notausgänge die schnelle Flucht. Der Deckel ist klappbar.

Schritt 1: Fünf Bretter gemäß der Zeichnungen 8a–d (➡ Seite 73) zuschneiden und Schnittkanten entgraten.
Schritt 2: Zunächst die Rückwand (8a) an ein Seitenteil (8b) anschrauben (➡ Bild 1).
Schritt 3: In gleicher Weise wird das zweite Seitenteil (8b) an der Rückwand befestigt.
Schritt 4: Nun die Vorderwand (8c) an die Seitenwände schrauben (➡ Bild 2).
Schritt 5: Befestigen Sie im letzten Arbeitsschritt das Deckbrett (8d) mit dem Scharnier an der Rückwand (➡ Bild 3).

Oben links: Die beiden Tunnel bilden einen tollen Eingangsbereich für das Big House. Zudem erleichtern sie das Erklimmen des Hausdachs.

Oben rechts: Ein Tunnel verbindet die beiden Häuser und erlaubt den Überlauf von Dach zu Dach.

Links: Die Dachreling wurde mit ungiftigem Leim fixiert. Eine Holzrampe erleichtert den Aufstieg.

Pfiffige Extras

Diese Extras machen das Meerschweinchenheim noch praktischer und attraktiver:

Tunnel: Ein Tunnel ist im Handumdrehen gebastelt und ergänzt das Meerschweinchendomizil wunderbar. Aus Leimholzresten schneidet man zwei Bretter mit 13 × 25 cm und ein Brett mit 23 × 25 cm zu und schraubt sie an den Längsseiten u-förmig aneinander. Der Tunnel umschließt die kleinen Hausöffnungen und verbindet zwei Häuser (➜ Bild oben rechts) oder wird als »Flur« genutzt (➜ Bild oben links). Auch als Einzelelemente sind Tunnel bei den kleinen Fellnasen sehr beliebt. Bei Bedarf kann man jeden Tunnel beliebig verlängern.

Rampe: Die Rampe ist ein idealer zusätzlicher Aufgang. Dazu genügt ein rechteckiges Brett, auf das für bessere Trittsicherheit im Abstand von ca. 5 cm Holzleistchen geklebt oder genagelt werden. Befestigt man die Rampe mit Haken und Ösen, lässt sie sich jederzeit leicht entfernen (➜ Bild links).

Geländer: Eine Dachreling sorgt für mehr Sicherheit und schönere Optik. Einfach und schick ist ein wellenförmiger Abschluss, der sich mit der Stichsäge gut bewerkstelligen lässt (➜ Bild links).

Traumhäuser für jeden Bedarf

Soll es ein gemütliches Einzelzimmer, eine geräumige Suite oder vielleicht doch lieber eine Mansardenwohnung mit Panorama-aussicht sein? Mit unseren selbst gebauten Häusern bieten Sie Ihren Meerschweinchen nicht nur Unterkünfte, die voll und ganz auf ihre Ansprüche und Vorlieben zugeschnitten sind, die Eigenheime können darüber hinaus jederzeit und ohne großen Aufwand an veränderte Wohnsituationen angepasst werden.

Aufgeklebte Teppichreste geben den Meerschweinchenfüßen Halt. Für kleine Knabbermonster eignen sich Naturmaterialien besser.

Diese Wohneinheit ist ein echter Fitnesstempel, der jede Menge Kletterspaß bietet. Die Sportmuffel bevorzugen die unteren Etagen.

Hier geht es ganz hoch hinaus. Mutige Klettermaxe quartieren sich im Obergeschoss ein und genießen die fantastische Aussicht. Faulpelze und Angstschweinchen beziehen lieber die Parterrewohnung. Vergessen Sie bitte nicht, hohe Bauwerke vorsorglich zu sichern, damit sie nicht kippen.

Schlicht, aber praktisch. Nebeneinander platziert, wird aus den schicken Einzelbauten im Nu eine komfortable Reihenhaussiedlung. Sie punktet nicht nur mit einer geräumigen und begrünten Dachterrasse, sondern lässt auch noch genügend Platz für eine superlange Rennstrecke.

Lassen Sie Ihrem künstlerischen Talent und Ihrer Fantasie freien Lauf und verschönern Sie die neuen Möbel mit einem farbenfrohen Anstrich, der sie zu waschechten Originalen macht. Aber bitte nur ungiftige Farben verwenden.

Diese grüne Wohlfühloase lädt nicht nur die Meerschweinchen zum Entspannen und Träumen ein, sie ist auch ein außergewöhnlicher Blickfang für das Wohnzimmer.

Alle Aufkleber mit ungiftiger Lasur überstreichen, damit sich nichts ablöst und zum Anknabbern verführt.

Es muss nicht immer ein riesiger Wohnkomplex sein. Schon mit zwei unterschiedlichen Haustypen können Sie eine attraktive und gemütliche Wohnecke für Ihre Meerschweinchen gestalten.

Getrennt und doch zusammen. In einer Nischenwohnung hat jedes Meerschweinchen seinen angestammten Platz.

Sinnvoll und praktisch einrichten

Um die Meerschweinchen besser beobachten zu können, bieten ihnen unerfahrene Halter oft nur wenige Verstecke an. Das hat zur Folge, dass sich die misstrauischen Fellnasen erst recht nicht mehr aus dem Haus trauen. Meerschweinchen sind gern auf Achse, brauchen dafür aber die passende Umgebung. Verteilen Sie mehrere Unterschlupfe im Gehege. Mit der Gewissheit, jederzeit abtauchen zu können, fühlen sich die Tiere sicherer und zeigen sich öfter. Bei der Einrichtung sollten Sie multifunktionales Mobiliar bevorzugen, das Wohnen und Spielen vereint. Es darf natürlich auch gern den wichtigen Krallen- und Zahnabrieb unterstützen. So bieten Sie den Meerschweinchen interessante Beschäftigungsmöglichkeiten, ohne das Gehege zu überfrachten. Und es bleibt Platz für eine lange Rennstrecke. Denken Sie beim Möbelkauf auch ans Reinigen: Die Materialien sollten sich leicht und gründlich säubern lassen. Das spart Zeit und gewährleistet eine gute Hygiene. Ein sauberes Heim schützt die Tiere vor Krankheiten.

Bau-anleitung

Nischenbau

So wollen Meerschweinchen wohnen: In einem Nischenbau hat jedes Tier sein eigenes Plätzchen, das von den anderen nur durch eine schmale Wand getrennt ist. So ist es in der Nähe seiner Kumpel, ohne auf direkte Tuchfühlung zu gehen. Meerschweinchen legen Wert auf den sogenannten Individualabstand und kuscheln nur selten miteinander.

FÜR UNSEREN NISCHENBAU BENÖTIGEN SIE:

2 Leimholzbretter, 18 mm stark, Rohmaße 30 × 80 cm und 20 × 200 cm; ca. 18 Universalschrauben, 4 × 40 mm; Handkreissäge; Stichsäge; Akkuschrauber; Bohrer, ∅ 3 mm und ∅ 8 mm; Bleistift; Zollstock; Schleifpapier; Leinöl oder Bienenwachs

---

Schritt 1: Schneiden Sie sieben Bretter gemäß der Zeichnungen 9a–d (➜ Seite 74) zu und entgraten Sie die Schnittkanten.
Info: Passen Sie die Öffnungen in den Seitenteilen gegebenenfalls dem Taillenumfang Ihrer Pfleglinge an.
Schritt 2: Schrauben Sie jetzt die lange Rückwand (9a) und die beiden Seitenteile (9b) u-förmig aneinander. Dafür muss man zunächst mit dem 3-mm-Bohrer vorbohren und dann mit dem 8-mm-Bohrer so tief ansenken, dass die Schraubenköpfe später verschwinden. Verteilen Sie die Schrauben gleichmäßig (➜ Bild 1).
Schritt 3: In diesem Schritt schrauben Sie das Deckbrett (9c) auf (➜ Bild 2).
Schritt 4: Jetzt werden die Zwischenwände (9d) am Deckbrett angeschraubt. Sie müssen mit dem vorderen Rand des Deckbretts abschließen und reichen nicht bis zur Rückwand. Dadurch wird gewährleistet, dass die Bewohner des Nischenbaus bei Streitigkeiten jederzeit sofort nach rechts und links ausweichen können (➜ Bild 3).
Schritt 5: Behandeln Sie das Holz in mehreren Arbeitsgängen mit Bienenwachs oder Leinöl. So kann nur wenig Nässe eindringen und es lässt sich gut reinigen.

Kreativ und multifunktional

Damit das Gehege der Meerschweinchen zur echten Wohlfühloase wird, muss das Mobiliar praktisch, sicher und multifunktional sein. Orientieren Sie sich bei der Einrichtung an den Vorlieben der Tiere. Manche klettern oder buddeln mit Ausdauer, andere lieben den Langstreckenlauf und begeistern sich für eine Rennpiste. Auch Tunnel und Röhren stehen ganz weit oben auf der Hitliste der Meerschweinchen.

Das Burghäuschen mit integrierter Rampe kann man fertig kaufen. Die großen Eingänge in Schweinchenform sind ein echter Hingucker.

Korkröhren sind attraktiv, langlebig und leicht zu reinigen. Der Klassiker gehört eigentlich zum Inventar in jedem Meerschweinchenheim.

Praktisches Mobiliar aus dem Katzensortiment. Auch Meerschweinchen sind von der tollen Kratzwelle ganz begeistert. Sie unterstützt die Pediküre, sodass die Tapeten weniger unter den Krallenattacken der Fellnasen leiden müssen. Unterschlupf und Kletterangebot gibt es gratis dazu.

Dieses rustikale Treppchen ist ein perfektes Fitnessgerät, denn hier müssen die Meerschweinchen ihre Kletterkünste unter Beweis stellen. Als Belohnung winkt ein toller Rundumblick. Kleine Faulpelze nutzen lieber das Plätzchen unter der Treppe für ein erholsames Nickerchen.

Die Doppel-Rennstrecke Marke Eigenbau beschert den Fellnasen ein neues Pfotenerlebnis. Der Belag ist ein Materialmix aus Teppichboden, verschiedenen Korkplatten und Natursteinen. Und welche Bodenstrukturen bevorzugen Ihre kleinen Flitzer?

Dieser Hochstand mit verschiebbaren Treppenstufen, Kuschelrolle und gepolstertem Liegeplatz vereint Schaukel- und Kletterspaß mit dem Angebot zum Relaxen.

Aus stabilen, ungefärbten Kartons lassen sich im Handumdrehen ganze Meerschweinchenstädte errichten.

Grasröhren sind bei Meerschweinchen äußerst beliebt. Man kann hindurchflitzen, darauf herumklettern oder innen ein Schläfchen halten. Nach dem Spiel darf der leckere Tunnel aufgefuttert werden.

WACHSAMKEIT UND SCHNELLE REAKTIONEN SIND FÜR MEERSCHWEINCHEN ÜBERLEBENSWICHTIG.

Outdoor – die große Freiheit

Ganzjährige Außenhaltung ist der Traum aller Meerschweinchen. Wenn ihnen frischer Wind durchs Fell bläst, ihr feines Näschen aufregende Gerüche ortet und sie über natürliche Bodenstrukturen laufen können, ist das die große Freiheit für die Fellnasen.

Grünfutter satt ist ganz nach dem Geschmack der kleinen Fellnasen.

Frische Luft und Bewegung stärken die Abwehrkräfte der Meerschweinchen und halten sie fit und gesund.

Tagesausflüge und Außenhaltung

Eine Freiluftwohnung lässt Meerschweinchenherzen höher schlagen. Hier erlauben uns die Fellnasen faszinierende Einblicke in ihr komplexes Sozialleben und offenbaren ihr wahres Wesen mit allen Facetten ihrer quirligen Lebensart. Die Bewegung an der frischen Luft stärkt ihr Immunsystem, hält die Verdauung in Schwung und steigert das allgemeine Wohlbefinden der Tiere. Zudem sorgt das Laufen auf dem natürlichen Untergrund für den wichtigen Krallenabrieb und erspart das lästige Kürzen der Nägel.

Eine Frage der Sicherheit

Sicherheit hat bei Außenhaltung Priorität. Dabei richten sich die Sicherheitsvorkehrungen nach der Dauer des Freilaufs.

Kurzausflug: Für kurze Gartenaufenthalte eignen sich Freigehege, die sich schnell auf- und abbauen lassen. Metallgitter und Holzgehege (→ Bild rechts oben) aus dem Zoofachhandel lassen sich gut handhaben, beliebig erweitern und platzsparend aufbewahren. Da eine Bodenabsicherung fehlt, muss man auf unerwünschte Wühlaktivitäten achten.

Info: Für Meerschweinchenbabys müssen die Gitterabstände entsprechend eng sein.
Tagesausflug: Wenn Ihre Meerschweinchen den ganzen Tag draußen toben dürfen, sollten Sie eine kompaktere Gehegevariante wählen. Im Zoohandel finden Sie eine große Auswahl. Günstig sind Gehege mit fester Abdeckung, die nicht nur vor Wind und Wetter, sondern auch vor Nachbars Hund und Katze schützen (→ Bild unten links).
Halbjährige Außenhaltung: Wenn Meerschweinchen über Nacht draußen bleiben, hat die Rundumsicherung Priorität. Ein kleinmaschiges und bissfestes Drahtgeflecht sorgt dafür, dass kein Feind eindringen und kein Bewohner türmen kann. Alternativ kann man den Boden auch mit seitlich eingelassenen Gittern oder Steinplatten sichern.
Ganzjährige Außenhaltung: Wenn Sie Ihre Tiere das ganze Jahr über im Freien halten wollen, sollte die Gruppe mindestens vier Schweinchen umfassen. Nur so haben Sie die Gewähr, dass sie auch eisige Winter gut überstehen. Darüber hinaus brauchen die Meerschweinchen eine wetterfeste Schutzhütte. Sie muss aus mindestens 2 cm starkem Holz bestehen oder doppelwandig gebaut und mit Styropor isoliert sein. Für vier Bewohner sollte die Wohnfläche nicht mehr als ca. 0,5 m^2 betragen, da die Hütte allein durch die Körperwärme der Tiere beheizt wird. Lüftungsbohrungen im oberen Teil der Hütte sorgen für eine gute Luftzirkulation und verhindern die Bildung von Kondenswasser und Schimmel. Teilen Sie den Innenraum in unterschiedlich große Nischen auf. So kann die Gruppe bei Kälte gemeinsam kuscheln, sich aber bei Stress aus dem Weg gehen. Eine Trennwand im Eingangsbereich schützt vor Zugluft.
Wer nicht selbst bauen will, findet winterfeste Kleintierställe im Zoofachhandel. Sie eignen sich sehr gut, sollten aber grundsätzlich mit einem weitläufigen und ständig nutzbaren Freilauf kombiniert werden. An kalten Wintertagen brauchen die Meerschweinchen genügend Bewegungsraum, um sich warm zu laufen (→ Bild unten rechts).

Oben: Für einige Stunden im Garten ist dieses Gehege gut geeignet. Ganz links: Für Tagesausflüge sind kompakte Gehege mit Abdeckung die richtige Wahl. Links: Ganzjähriges Außengehege mit angrenzendem Freilauf.

Die Erforschung des Labyrinths wird für die vorwitzigen Schnuppernasen zu einer echten Herausforderung.

Erlebnisreiche Naturspielplätze

Außengehege bieten reichlich Raum für eine abwechslungsreiche Einrichtung. Hier kann man Naturmaterial verwenden, das für die Wohnung zu groß und sperrig ist. Bei gekonnter Gestaltung wird das Außengehege zu einem kleinen Naturparadies, das nicht nur die Herzen seiner Bewohner erobert, sondern auch zum Blickfang des Gartens wird. Orientieren Sie sich beim Einrichten am natürlichen Lebensraum der Meerschweinchen. Wichtig sind Sand- oder Erdplätze zum Buddeln und Graben, große Natursteine zum Klettern und Turnen und vor allem eine lange Rennstrecke. Niedrige Unterschlupfe mit Flachdach und vielen Notausgängen vervollständigen das Inventar. Ein Aussichtsplatz an einer geschützten Stelle sollte nicht fehlen. Dekorativ ist eine ungiftige Bepflanzung, etwa mit einem Haselnussstrauch. Das regt die Sinne der Tiere an, sorgt für gesunde Zwischenmahlzeiten und den nötigen Zahnabrieb. In den Blättern kann man sich verstecken oder im Schatten der Pflanze ein Nickerchen halten.

Bau-anleitung

Labyrinth mit Blockhütte

Die rustikale Blockhütte ist sehr beliebt bei unseren Meerschweinchen, da hier immer ein leckeres Buffet wartet. Der Weg dahin ist aber nicht leicht zu finden. Der Irrgarten aus Beetrollis führt schnell auf eine falsche Fährte.

ARBEITSMITTEL

- ☐ Stichsäge
- ☐ Akkuschrauber
- ☐ Kneifzange
- ☐ Bohrer, ∅ 3 mm
- ☐ Bohrer, ∅ 8 mm
- ☐ feines Schleifpapier
- ☐ Bleistift
- ☐ Zollstock

ARBEITSMATERIAL

- ☐ 4 Holzleisten, 2 × 2 × 36 cm
- ☐ Leimholzbrett, 18 mm stark, 40 × 100 cm
- ☐ 3–4 Beetrollis, 250 cm lang, 30 cm hoch
- ☐ 24 lose Halbpalisaden, 30 cm hoch
- ☐ Universalschrauben, 4 × 40 mm für die Blockhütte und 4 × 20 mm fürs Labyrinth
- ☐ Lochband aus Metall
- ☐ evtl. Zeltheringe zum Befestigen

DIE BLOCKHÜTTE

Schritt 1: Verschrauben Sie zuerst die Holzleisten zu einem quadratischen Rahmen mit einem Außenmaß von 38 cm (➜ Bild 1). Wie bei allen Bauten bohrt man die Schraubverbindungen zuerst mit dem 3-mm-Bohrer vor und senkt sie danach mit dem 8-mm-Bohrer so tief an, dass die Schraubenköpfe verschwinden.

Schritt 2: Zwei Leimholzbretter gemäß der Zeichnungen 10a und 10b (➜ Seite 74) als Boden- und Deckplatte zusägen und die Schnittkanten entgraten.

Schritt 3: Das quadratische Leimholzbrett wird auf den Rahmen gelegt, der hier als Abstandshalter dient. So sitzt die Bodenplatte leicht erhöht und die Meerschweinchen sind vor Kälte und Nässe geschützt.

Schritt 4: Rundum die losen Halbpalisaden als Wände an die Bodenplatte schrauben (➜ Bild 2) – pro Wand sechs Palisaden.

Bild 1: Verschrauben des Rahmens.
Bild 2: Befestigen der Palisaden am Boden.

Bild 3: Anschrauben der kurzen Palisadenstücke für die Hauseingänge.

Bild 4: Fixieren der Palisaden am Rahmen.

Achtung: Zwei benachbarte Wände erhalten Eingänge. Dafür sägt man vier Palisaden je zweimal quer durch. Die Schnittlinien liegen in einer Höhe von 5 cm und 18 cm. Die Mittelstücke werden nicht mehr gebraucht. Schrauben Sie die unteren Endstücke jeweils als dritte und vierte Wandpalisade an die Bodenplatte (➔ Bild 3).

Info: Bei größeren Meerschweinchen Öffnung einfach um eine Palisade erweitern.

Bild 5: Platzieren des Podests in der Hütte.

Schritt 5: Sobald alle Palisaden befestigt sind, können Sie den Rahmen unter der Bodenplatte hervorziehen. Er wird jetzt als Auflagefläche für die abnehmbare Deckplatte genutzt. Kippen Sie die Hütte dazu auf die Seite und schieben Sie dann den Rahmen vorsichtig ein. Der Abstand zwischen Bodenplatte und Oberkante des Rahmens beträgt 17 cm.

Info: Durch die tiefer gesetzte Deckplatte erfüllen die überstehenden Palisaden die Funktion eines Dachgeländers.

Schritt 6: Die Palisaden müssen rundherum am Rahmen angeschraubt werden. Diese zweite Fixierung verleiht der Hütte die notwendige Stabilität (➔ Bild 4).

Schritt 7: Befestigen Sie nun die oberen Endstücke der zersägten Palisaden an den freien Plätzen über den beiden Eingängen.

ZUGANG ZUR DACHTERRASSE

Schritt 1: Aus den Leimholzresten werden zwei Brettchen mit den Maßen 15 × 7 cm und ein Brett mit 15 × 20 cm zugesägt.

Schritt 2: Schrauben Sie diese Brettchen u-förmig zusammen und platzieren Sie das auf diese Weise entstandene Podest in der geschlossenen Hüttenecke (➔ Bild 5).

Schritt 3: Legen Sie die Deckplatte so ein, dass sich der rechteckige Ausschnitt genau über dem Podest befindet (➔ Bild 6). Das gibt mutigen Meerschweinchen die Möglichkeit, auf das Hüttendach zu klettern und einen tollen Rundumblick zu genießen oder hier ungestört ein Nickerchen zu halten.

Info: Für den Blick ins Hütteninnere oder zum Saubermachen kann die Deckplatte einfach nach oben herausgehoben werden.

DAS LABYRINTH

Umgeben Sie die neue Blockhütte mit einem Labyrinth aus Beetrollis. Falls nötig, kann man die Rollis mit Zeltheringen im Boden verankern. Je mehr Beetrollis Sie verwenden, desto verschlungener und geheimnisvoller präsentiert sich der Irrgarten. Das Orientierungsvermögen der Meerschweinchen wird mit zusätzlichen Palisadendurchbrüchen noch mehr auf die Probe gestellt. So bringen Sie diese Öffnungen an:

Schritt 1: Durchtrennen Sie den unteren Draht rechts und links von zwei benachbarten Palisaden. Die Enden des Drahts mit der Zange umbiegen, damit sich kein Meerschweinchen daran verletzen kann.

Schritt 2: Die beiden Palisaden werden nun in 13 cm Höhe abgesägt. Dazu legt man den Beetrolli quer über ein ca. 12 cm breites Brett. Auf diese Weise hängen die anderen Palisaden herab und behindern nicht beim Absägen (➔ Bild 7).

Schritt 3: Um die gekürzten Palisaden wieder zu fixieren, schrauben Sie nun ein Lochband aus Metall knapp oberhalb der Schnittkante an (➔ Bild 8).

Tipp: Stellen Sie das Labyrinth auf und verstecken Sie in der Blockhütte eine leckere Belohnung für die beste Spürnase. Wenn die Meerschweinchen den Dreh heraushaben und direkt zum Buffet flitzen, lässt sich der Irrgarten mit wenigen Handgriffen umstellen. Dann beginnt die Suche von Neuem.

Bild 6: Einlegen der Deckplatte.
Bild 7: Aussägen der Labyrinthöffnungen.
Bild 8: Befestigen des Metallbands.

Rampen und Treppen

In einem hohen Gehege erweitern Etagen den Aktionsradius und schaffen Aussichtsplätze, die von den Bewohnern gern genutzt werden. Wie die Aufgänge zu den Ebenen aussehen, hängt von den sportlichen Fähigkeiten und der Fitness der Meerschweinchen ab. Sinnvoll ist die Kombination einfacher Rampen mit anspruchsvolleren Aufstiegen. Die Schutzhütte muss auch für ältere Semester und Sportmuffel leicht erreichbar sein. Beim Erklimmen weiterer Etagen dürfen sich die Meerschweinchen ruhig etwas anstrengen. Das fördert die Beweglichkeit und hält fit. Die Aufgänge dürfen nicht zu steil, zu schmal oder zu glatt sein. Kontrollieren Sie die Befestigung regelmäßig. Selbst wetterfester Anstrich schützt nicht ewig vor Verwitterung, und die Nagekünste Ihrer Fellnasen sollten Sie auch nicht unterschätzen.

Holz- und Steintreppen: Eine Holztreppe (➜ Bild 6) lässt sich relativ leicht fertigen. Achten Sie auf ausreichende Stabilität. Breite, Tiefe und Höhe der Stufen richten sich nach der Größe der Tiere. Kippsicher aufgeschichtete Steintreppen (➜ Bild 1) aus Backsteinen oder Ytong passen sich jeder Umgebung an und lassen sich auch gut um die Ecke bauen. Treppensteigen stärkt die Muskulatur und den Knochenbau der Meerschweinchen und senkt damit das Verletzungsrisiko.
Holzrampen: Für mehr Trittsicherheit bei den Rampen aus Holz (➜ Bild 3) sorgen aufgeklebte oder aufgenagelte Leisten oder Nuten, die man mit einem breiten Sägeblatt einfräst. Fertigrampen in verschiedenen Größen und Varianten gibt es im Zoofachhandel (➜ Bild 4).
Dachrinnen: Originelle, trotzdem jedoch absolut funktionstüchtige Aufgänge stellen Dachrinnen dar, deren Innenseite mit wettertauglichem Teppich beklebt wird (➜ Bild 5). Runde und eckige Dachrinnen eignen sich gleichermaßen. Schneiden Sie mit der Blechschere am oberen Ende eine Lasche aus, die dann im gewünschten Winkel nach hinten umgebogen und sicher am Etagenbrett befestigt wird.
Wendeltreppen: Mit etwas handwerklichem Geschick können Sie das Meerschweinchenheim mit einer Naturwendeltreppe verschönern. Mehrere dicke Holzscheiben leicht versetzt von unten aneinanderschrauben und am Etagenbrett anbringen – fertig ist der dekorative Aufgang (➜ Bild 2).

1 Ein Farbtupfer im Garten. Die roten Backsteinstufen sind sicher auf zwei passend zugesägten Ytong-Steinen fixiert.

2 Die schicke Wendeltreppe aus Naturmaterial ist das Highlight in jedem Außengehege. Mittels Stütze lässt sie sich auch frei im Raum aufstellen und als Kletterobjekt und Aussichtsplatz nutzen. Unter der Treppe findet sich immer ein schattiges Plätzchen zum Relaxen und Dösen.

3 Sie sind die Klassiker: Holzrampen lassen sich kinderleicht anfertigen und an jede Wohnsituation anpassen. Wer mag, kann seinen Eigenbau noch mit einem dekorativen Geländer verzieren.

4 Die Rampe aus dem Zoohandel besitzt eine besandete Lauffläche, die nicht nur die Trittsicherheit verbessert, sondern gleichzeitig den Krallenabrieb unterstützt.

5 Der ideale Aufgang für Angsthasen. Die Kuhlenform der Dachrinne vermittelt ein Gefühl der Sicherheit.

6 Besonders praktisch – ein Aufgang mit integriertem Unterschlupf. Das spart nicht nur Platz, diese Variante ist auch deutlich stabiler als eine freitragende Treppe.

Wetterfestes Mobiliar

Zur Gestaltung von Außengehegen eignen sich Naturmaterialien am besten. Sie werden von den Meerschweinchen mit Begeisterung angenommen, trotzen Wind und Wetter und sind oft zum Nulltarif zu haben. Halten Sie beim Waldspaziergang Ausschau nach ausgehöhlten Ästen, dekorativen Astgabeln, Wurzeln und Rindenstücken. Alternativ finden Sie im Zoofachhandel und Baumarkt tolle Objekte für Ihr Outdoor-Gehege.

Einen Beetrolli zwischen zwei Fußbänken befestigen und seitlich mit Holzleisten gegen Kippen sichern – fertig ist die Hängebrücke.

Attraktives Traumhaus aus Ton. Die Amphore verfügt über mehrere Öffnungen und eignet sich perfekt zum Verstecken, Klettern und Spielen.

Die alte Backmulde wird schon bald zum beliebten Meerschweinchentreff. Haupttor und Notausgänge sind schnell ausgesägt. Große Bohrungen im oberen Muldenbereich sorgen für gute Luftzirkulation. Ein wetterfester und ungiftiger Anstrich schützt das Holz vor Verwitterung.

Der flache Unterstand Marke Eigenbau trifft genau den Geschmack der Meerschweinchen. Das extra tief gezogene Schrägdach mit Korkauflage lädt auch Klettermuffel zum Besteigen ein und wird gerne als Aussichtsplattform oder für ein herrliches Sonnenbad genutzt.

Ein Unterschlupf aus Dachziegel und Backsteinen ist schnell gebaut und wird von den Fellnasen sehr gerne angenommen. Eine Verschraubung sorgt auch bei Kletteraktivitäten für ausreichende Sicherheit.

Meerschweinchen lieben es schummrig, das Weidenhaus kommt da gerade recht. Es ist in verschiedenen Varianten erhältlich und darf bedenkenlos angeknabbert werden.

Natur-Tipi: Weidenruten im Halbkreis eingraben und nach dem Blattaustrieb einfach oben zusammenbinden.

Das Big House aus dem Indoorbereich (➡ Seite 30) eignet sich auch prima für den Garten. Eine Bodenplatte schützt vor kalten Füßen, Bohrungen im oberen Bereich sorgen für gute Luftzirkulation.

MEERSCHWEINCHEN SIND UNTERNEHMUNGSLUSTIG UND FÜR JEDE AUFREGENDE ABWECHSLUNG DANKBAR.

Spiel, Sport und jede Menge Spaß

Mit reizvollen Beschäftigungsideen, fesselnden Kombinations- und Knobelaufgaben und aufregenden Sportspielen gestalten Sie den Alltag Ihrer Meerschweinchen zu einem bunten und immer wieder spannenden Abenteuer.

Tolles Spielzeug zum Toben und Relaxen

Mit einem Kumpel, besser noch einer ganzen Meerschweinchengruppe, macht alles doppelt so viel Spaß. Selbst die notorischen Faulenzer lassen sich von ihren aktiveren Artgenossen mitreißen. Da der Platz bei der Haltung von Heimtieren beschränkt ist und das begrenzte Areal auf Dauer nicht genug Abwechslung bietet, dürfen zusätzliche Beschäftigungsangebote nicht fehlen. Im Zoofachhandel gibt es ein buntes Spielzeugsortiment, aber auch umfunktionierte Alltagsgegenstände und selbst gebastelte Spielgeräte kommen bei den neugierigen Fellnasen bestens an. Testen Sie, was Ihren Meerschweinchen gefällt, achten Sie dabei aber immer auf gute Qualität und solide Verarbeitung. Manche Solospiele entpuppen sich als Dauerbrenner, andere liegen unbeachtet in der Ecke. Diese »Staubfänger« sollten Sie entfernen, denn der freie Platz zum Toben ist besser als ungenutztes Inventar.

Tipp: Ängstliche Meerschweinchen laufen meist an der Wand entlang. Platzieren Sie das Spielzeug deshalb am Rand des Geheges.

Bau-anleitung

Schaukelbett

Meerschweinchen sind aktive und unternehmungslustige Tiere, schätzen aber auch ein gemütliches Kuschelplätzchen. Das Schaukelbett kommt da gerade recht. Die Fertigung erfordert keine großen Baumeister-Talente, und wer die Näharbeit scheut, kann auf fertige Produkte zurückgreifen, denn viele Internetshops erfüllen gern auch Sonderwünsche.

FÜR UNSER SCHAUKELBETT BENÖTIGEN SIE:
Leimholzbrett, 80 × 40 × 1,8 cm; 8 Universalschrauben, 4 × 50 mm; 2 Gewindestangen, ∅ 6 mm, 57 cm lang; 2 Alu-Rundrohre, ∅ 8 mm, 51 cm lang; urindichte Decke, 40 × 50 cm; 4 Hutmuttern, M6; Säge; Akkuschrauber; Bohrer, ∅ 3 und 8 mm; Schleifpapier; Bleistift; Lineal; Nähzeug

---

Schritt 1: Vier Bretter gemäß der Zeichnungen 11a und 11b (→ Seite 75) zuschneiden und in den Kopf- und den Fußteil die angezeichneten Bohrungen einbringen. Danach die Schnittkanten entgraten.
Schritt 2: Nun die Bretter zu einem rechteckigen Bettkasten verschrauben, wobei die Seitenteile zwischen Kopf- und Fußteil sitzen. Dazu mit dem 3-mm-Bohrer vorbohren und anschließend mit dem 8-mm-Bohrer so tief ansenken, dass die Schraubenköpfe später verschwinden (→ Bild 1).
Schritt 3: Die urindichte Decke zur Hängematratze umarbeiten. Dafür schlägt man den Stoff an beiden Längsseiten jeweils 4 cm ein und vernäht ihn mehrmals am Rand, sodass zwei Stofftunnel entstehen.
Schritt 4: Die Alu-Rohre werden über die beiden Gewindestangen geschoben, durch die Stofftunnel geführt und in die Bohrungen des Kopf- und des Fußteils eingesteckt (→ Bild 2).
Info: Die Alu-Rohre verhindern, dass sich der Stoff durchscheuert. Alternativ umwickelt man die Gewindestangen mit Stoffstreifen oder Isolierband.
Schritt 5: Fixieren Sie jetzt noch die Gewindestangen von außen mit Hutmuttern (→ Bild 3). So kann nichts verrutschen, und die Hängematratze lässt sich zum Waschen kinderleicht entnehmen.

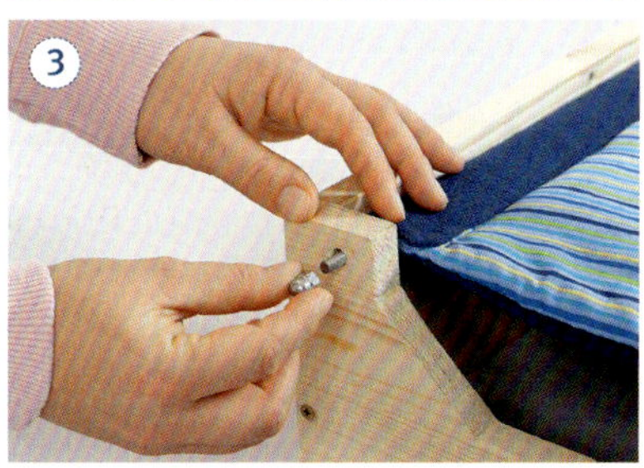

Solospiele und Wellness-Tipps

Die richtigen Aktionsangebote machen aus dem Gehege der Fellnasen ein Spielparadies, in dem es immer wieder Neues zu entdecken gibt. Im Fachhandel gibt es originelle Spielsachen, aber viele Spielideen lassen sich mit einfachen Mitteln auch selbst verwirklichen. Verwenden Sie dazu natürliche Materialien wie Holz, Sisal oder Hanf. Besonders beliebt sind dunkle Höhlen und geheimnisvolle Tunnel, die zu Entdeckungsreisen einladen.

Der Tunnel aus reinem Hanf ist von den Fellnasen heiß begehrt und darf auch bedenkenlos aufgekratzt und angeknabbert werden.

Die selbst gebastelte Spielzeugkette aus natürlichen Materialien wie Holz und Sisal kommt bei den Meerschweinchen prima an.

Innen gemütlich, außen ein Eyecatcher: Das waschmaschinentaugliche Kuschelnest in lustiger Erdbeerform lädt die Meerschweinchen zum Entspannen und Dösen ein. Beansprucht ein stärkerer Kumpel den begehrten Platz, kann sich der Insasse durch den hinteren Notausgang verziehen.

Dieses bequeme, schaukelnde Kuschelnest bleibt nie lange unbesetzt. Hier können sich die Meerschweinchen herrlich entspannen und von anstrengenden Aktivitäten erholen. Für kleine Hasenfüße bietet der Fachhandel auch oben geschlossene Varianten an.

Dunkle Höhlen ziehen alle Meerschweinchen magisch an. Mit dem Dreiwege-Tunnel aus dem Zoofachhandel ist ihr Glück perfekt. Die pfiffige Röhre bietet nämlich einen zusätzlichen Abzweig und sogar einen Notausstieg in der Mitte.

Der Kipptunnel ist schnell gefertigt und vereint die Eigenschaften von Wippe und Röhre. Da macht es den Fellnasen doppelt so viel Spaß, durch den Tunnel zu flitzen.

Auch mit kleinerem Spielzeug wie Sisalbällen und Holzhanteln haben die Fellnasen jede Menge Spielspaß.

Die Wühlkiste bringt Natur ins Haus. Befüllt mit frischen Blättern, Blüten oder trockenem Laub lädt sie zum Buddeln ein und regt die Sinne an. Nach dem Spiel darf von der Füllung genascht werden.

Die tägliche Portion Heu darf natürlich nicht fehlen.

Pure Verführung: Einem so leckeren Frühstücksbuffet kann kein Meerschweinchen lange widerstehen.

Futterspiele mit Fitnessgarantie

Während die wilde Verwandtschaft ihre tägliche Nahrung mühsam selbst suchen muss, profitieren unsere Meerschweinchen vom Rundumservice. Die Mahlzeiten werden pünktlich serviert, und Fressfeinde muss auch niemand fürchten. Doch es gibt eine Kehrseite: Übergroße Fürsorge mit einer viel zu reichhaltigen Speisekarte und zu wenig Bewegung sorgen oft genug dafür, dass sich überflüssige Pfunde auf den Hüften niederschlagen. Das Übergewicht schadet der Gesundheit. Kleine Moppel werden deutlich häufiger von Wehwehchen geplagt als ihre schlanken Kumpel. Achten Sie auf ausgewogene Ernährung und animieren Sie Ihre Schützlinge zu viel Bewegung. Die Fütterung kann mit kniffligen Spielen und sportlichen Herausforderungen kombiniert werden, sodass auch Sportmuffel aktiv werden müssen, um einen guten Bissen zu erwischen. Heu sollte als Grundnahrung jedoch immer zur Verfügung stehen, damit auch notorische Faulpelze nicht zu kurz kommen. Fasten ist für Meerschweinchen lebensgefährlich.

Bau-
anleitung

Futterwand

Der Bau einer Futterwand ist keine Hexerei. Bei der Gestaltung sind Ihren Ideen keine Grenzen gesetzt. Unser Modell dient lediglich als Mustervorschlag. Je nach Ihren Vorstellungen und den Materialien, die zur Verfügung stehen, lassen sich einzelne Elemente austauschen und beliebig erweitern. Auch Anordnung und Platzierung kann man frei wählen.

FÜR UNSERE FUTTERWAND BENÖTIGEN SIE:

2 Leimholzbretter, 40 × 30 × 1,8 cm; 3 Universalschrauben, 4 × 50 mm; 1 kleinen Metallkorb; 6 Holzklammern; 1 Kokosnussschale; 2 kleine Haken und Ösen; Winkel; Akkuschrauber; Handkreissäge; Bohrer, ∅ 3, 8, 12 und 14 mm, Schleifpapier; ungiftigen Leim; Lineal; Bleistift

Schritt 1: Schrauben Sie die Leimholzbretter T-förmig aneinander, indem Sie mit dem 3-mm-Bohrer drei gleichmäßig verteilte Bohrungen einbringen und dann mit dem 8-mm-Bohrer so tief ansenken, dass die Schraubenköpfe verschwinden (➔ Bild 1).
Schritt 2: Auf die vordere Wandseite links oben drei Holzklammern aufkleben, in die man später Salatblätter und Ähnliches klemmt. Im rechten Teil zwei Viertel der gesäuberten Kokosnussschale versetzt zueinander aufkleben (➔ Bild 2). Sie sind ideal, um darin Trockenobst anzubieten.
Schritt 3: Drehen Sie die Futterwand, um die Rückseite zu gestalten, und kleben Sie rechts oben ebenfalls drei Holzklammern an. Links zwei Haken in der richtigen Höhe eindrehen und Drahtkorb als Heuspender einhängen (➔ Bild 3).
Schritt 4: Freiflächen der Futterwand mit verschieden großen Bohrungen versehen und entgraten.
Schritt 5: In eine Randseite der Wand zwei Ösen in 7 und 17 cm Höhe eindrehen (➔ Bild 3). Hier steckt man Knabberzweige rein.
Schritt 6: Wand mit Leckereien bestücken.

1

2

3

Spannende Futterspiele

Mit ein bisschen Kreativität peppen Sie das langweilige Futtern zum spannenden Highlight für Ihre Fellnasen auf. Unterhaltsame Futterspiele wecken schnell das Interesse der neugierigen Truppe, und schmackhafte Belohnungen animieren auch hartnäckige Bewegungsmuffel zu mehr Aktivität. Beim Wettstreit um die besten Leckerbissen geht es nicht selten stürmisch zu, sodass auch überflüssige Pfunde purzeln.

Auf die selbst gebaute Wippe mit Futterbuffet trauen sich auch ängstliche Fellnasen. Denn wer will schon auf eine leckere Extraportion verzichten! Das Futtern auf der Wippe erfordert viel Geschick und schult das Balancevermögen der Meerschweinchen.

Hier muss man sich recken und strecken. Nur wer sich langmacht, kommt in den Genuss des duftenden Heus und der in den Zapfen versteckten leckeren Maiskörner.

Buntes Buffet auf Rädern. Das Futtern ist gar nicht so leicht, denn der rollende Tisch hält einfach nicht still.

Das Futterkarussell Marke Eigenbau ist eine echte Herausforderung. Die drehbar gelagerten Arme machen das Mampfen zum Geschicklichkeitsspiel. Erhöhen Sie den Schwierigkeitsgrad, indem Sie das Futter sehr hoch platzieren, sodass sich die Fellnasen dabei auch noch strecken müssen.

Nie mehr Streit um den besten Futterplatz! Der praktische Heuturm bietet rundum Mümmelspaß auf zwei Ebenen. Ob im sicheren Unterschlupf oder auf der Freiluftterrasse – hier kommt kein Meerschweinchen zu kurz.

Hängen Sie den nachfüllbaren Gitterball in der richtigen Höhe für Ihre Rasselbande auf. Es erfordert einiges an Geschick und Geduld, um den schwingenden Inhalt zu ergattern.

Gar nicht so einfach. Damit die Füllung herauspurzelt, muss die Snackrolle von den Leckermäulern angestupst werden.

Heu satt liefert der selbst gebaute Heuschober. Außen muss man sich tüchtig danach strecken, innen locken die leckeren Halme in der verstrebten Decke.

MIT GESUNDER KOST VERWÖHNEN

Hochwertiges Heu

Heu ist das **TÄGLICHE BROT** der Hausmeerschweinchen. Da die Wiesen mit ihren Gräsern und Kräutern nicht ganzjährig zur Verfügung stehen, bedient man sich der **GETROCKNETEN VARIANTE**. So ernähren Sie Ihre Tiere auch im Winter artgerecht. Die rohfaserreiche Kost hält die komplizierte Verdauung in Schwung und sorgt für den nötigen **ABRIEB DER BACKENZÄHNE**, denn die Zähne der Meerschweinchen wachsen ein Leben lang. Gutes Heu erkennt man

an seiner **FRISCHEN FARBE** und dem **AROMATISCHEN DUFT**. Heu, das feucht, staubig oder gar schon verschimmelt ist, macht Meerschweinchen krank.

Futter mit Biss

Meerschweinchenzähne wachsen zeitlebens. **GESUNDES NAGEMATERIAL** hält die Schneidezähne kurz und in Form. Als Knabberkost eignen sich vor allem Äste und Zweige von Apfel, Birne und Haselnuss. Das Benagen der Rinde **MASSIERT DAS ZAHNFLEISCH** und **FÖRDERT DIE DURCHBLUTUNG**. Blätter und Knospen sind eine wohlschmeckende Beilage. Ein Blätterdickicht eignet sich wunderbar als Versteck, aus dem man sich genüsslich herausfuttern kann.

Gehaltvolles Futter für die Wintermonate

Bei **GANZJÄHRIGER AUSSENHALTUNG** ist eine gehaltvollere Ernährung nötig, damit die Meerschweinchen auch die kalten Monate unbeschadet überstehen. Ein **KLEINES FETTPOLSTER** und vor allem eine **EXTRAPORTION VITAMINE**, besonders Vitamin C, können nicht schaden. **GEEIGNETES WINTERFUTTER**: Steckrüben, Pastinaken, Grünkohl, Fenchelknollen, Stangen- und Knollensellerie. Beliebt ist auch die Topinambur, die von den kleinen Fellnasen mit Stumpf und Stiel vertilgt werden darf.

Bunter Gemüseteller

GEMÜSE ist die perfekte Ergänzung des Speiseplans. Es muss **FRISCH UND KNACKIG** sein, sonst rühren es die kleinen Gourmets nicht an. Einige Meerschweinchen schwärmen für Salat und Gurke, andere naschen am liebsten Paprika und Karotte. **MIT MINIHAPPEN TESTEN** Sie, was Ihren Meerschweinchen schmeckt und bekommt. Während manche Tiere ohne Beschwerden die ganze Gemüsepalette futtern können, reagieren empfindliche Naturen mit Bauchweh oder Durchfall. Besondere Vorsicht geboten ist bei **HARTKOHLSORTEN**, wie Rosenkohl, Wirsing, Rot- und Weißkohl, weil sie stark blähen. Brokkoli und Co. sind erlaubt, dürfen aber auch nur in Maßen verfüttert werden.

Heilender Kräutermix

Wenn Meerschweinchen einmal kränkeln, müssen Sie nicht immer zur chemischen Keule greifen. **KRÄUTER BRINGEN WIRKSAME HILFE** bei kleineren Wehwehchen. So vertreibt Fencheltee lästiges Bauchweh, Löwenzahn regt den Appetit an und Melisse wirkt beruhigend und schmerzstillend. Kräuter sammelt man auf **UNGEDÜNGTEN WIESEN**, zieht sie im Blumenkasten selbst oder kauft sie in der Apotheke oder einem Kräuterladen. Die **KRÄUTERAPOTHEKE** ersetzt jedoch nicht den Tierarzt! Manchmal hilft auch eine Kombinationstherapie.

Vitamin-C-Versorgung

Meerschweinchen müssen das **VITAMIN C MIT DEM FUTTER AUFNEHMEN**, weil sie nicht in der Lage sind, es im eigenen Körper zu produzieren. **VITAMIN-C-MANGEL** kann zu ernsten Erkrankungen führen. Vitamin C liefern vor allem Paprika, Kiwi, Johannisbeeren, getrocknete Brennnesseln, Erdbeeren, Hagebutten, Brokkoli und Petersilie. **PETERSILIE** lässt sich prima im Blumenkasten auf der Fensterbank ziehen. So bekommen die Meerschweinchen

auch **IM WINTER GENÜGEND VITAMINE**. Füttern Sie jedoch in Maßen und keinesfalls an werdende Mamas, denn Petersilie wirkt stark harntreibend und wehenfördernd.

Gehirnakrobatik für pfiffige Meerschweinchen

Wer Meerschweinchen für langweilig und dumm hält, hat sie noch nicht in Aktion erlebt. Beim genauen Beobachten zeigt sich schnell, dass wir es mit pfiffigen Kerlchen zu tun haben, die durchaus lernfähig sind und sogar einfache Kombinationsaufgaben mit Köpfchen und Geschick lösen. Das verwundert nicht, denn in freier Natur müssen Meerschweinchen tagtäglich ums Überleben kämpfen, was nicht nur flinke Füße, sondern auch eine gehörige Portion Cleverness erfordert. Ein neues Spiel wird anfangs meist misstrauisch beäugt und beschnüffelt. Doch der Duft eines Belohnungsleckerlis wirkt Wunder. Mit unermüdlichem Eifer erforschen die naseweisen Kobolde, wie die Sache funktioniert. Manchmal ist das Geheimnis im Nu entschlüsselt, doch meist erfordert es einige Tage Tüftelei. Akzeptieren Sie bitte, wenn sich ein Meerschweinchen überhaupt nicht mit Intelligenzspielen anfreunden will. Vielleicht liegen seine Stärken und Interessen auf sportlichem Gebiet und es entpuppt sich als wahrer Meister im Schweinsgalopp.

Bau-anleitung

Futterstreuer

Dieses Spiel ist im Handumdrehen gebaut, verlangt von Ihren Meerschweinchen jedoch vollen Körpereinsatz und eine große Portion Cleverness. Um an den leckeren Inhalt zu kommen, müssen die Fellnasen die umfunktionierten Salzstreuer mit Nase oder Pfoten auf den Kopf drehen. Einmal nicht aufgepasst, pendeln die aber wieder in ihre Ausgangsposition zurück.

FÜR UNSEREN FUTTERSTREUER BENÖTIGEN SIE:
1 Leimholzbrett, 30 × 60 × 1,8 cm; 1 Gewindestange, ∅ 4 mm, 29 cm lang; 2 Salzstreuer aus Holz, ca. 13 cm hoch; 6 Universalschrauben, 4 × 50 mm; 4 Sechskantmuttern M4; 2 Hutmuttern M4; Handkreissäge; Akkuschrauber; Bohrer, ∅ 3, 5 u. 8 mm; Schleifpapier; Lineal; Bleistift; Winkel

---

Schritt 1: Drei Bretter laut den Zeichnungen 12a und b (→ Seite 75) zuschneiden und die angezeichneten Bohrungen einbringen.
Schritt 2: Seitenteile mit je drei Schrauben rechts und links bündig auf Bodenplatte befestigen. Mit 3-mm-Bohrer vorbohren und mit 8-mm-Bohrer so tief ansenken, dass die Schraubenköpfe verschwinden (→ Bild 1).
Schritt 3: Beide Salzstreuer in 7,5 cm Höhe mit durchgängiger Bohrung von ∅ 5 mm versehen (→ Bild 2).
Tipp (für abweichende Streuerform): Löcher oberhalb des Drehschwerpunktes platzieren.
Schritt 4: Streulöcher so weit aufbohren, dass Leckerlis hindurchpassen.
Schritt 5: Gewindestange durch Bohrung einer Seitenwand führen und nacheinander Mutter, Streuer, Mutter, Mutter, Streuer, Mutter aufreihen. Stange durch Bohrloch der anderen Wand führen und von außen mit je einer Hutmutter fixieren (→ Bild 3).
Schritt 6: Streuer ausrichten und mit den Muttern rechts und links nur leicht fixieren, sodass die Drehfreiheit erhalten bleibt.
Schritt 7: Streuer durch den Bodenverschluss mit geeigneten Leckereien füllen.

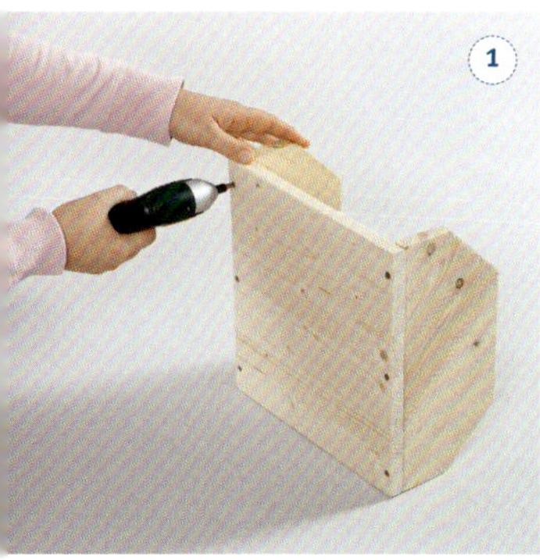
1

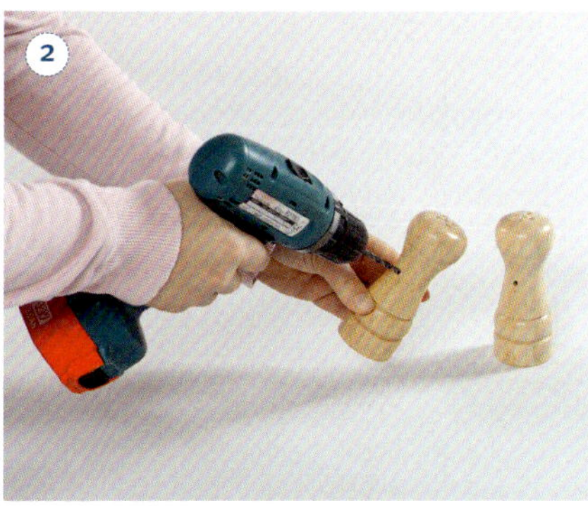
2

3

Zum Knobeln und Tüfteln

Animieren Sie Ihre Meerschweinchen zum Gehirnjogging. Welcher kleine Denksportler begreift als Erster das Öffnungsprinzip und ergattert die Belohnung? Die verschiedenen Funktionsweisen der Logikspiele sind nicht so leicht zu durchschauen und verlangen immer neue Lösungsansätze. Da wird mit Kopf und Nase gestupst und mit den Pfoten geschlagen und gezerrt. Manchmal ist auch der Einsatz der Zähne gefragt.

Clevere Meerschweinchen haben den Dreh schnell raus. Fest ins Seil beißen und kräftig ziehen, lautet die Erfolgsstrategie.

Beim Kugelspiel ist der Einsatz von Kopf und Nase gefragt. Selbst Meerschweinchen mit Zahnproblemen sind hier mit Eifer bei der Sache.

Um an die Leckereien im Inneren des Holzblocks zu gelangen, müssen kleine Deckel hochgehoben werden. Das klappt, wenn man sie immer wieder mit Kopf und Nase anstupst oder gezielt Pfoten und Zähne einsetzt. Beweisen Ihre Meerschweinchen bei solchen Spielen Geduld und Geschick?

Eine Herausforderung für Gehirnakrobaten und Geschicklichkeitskünstler. Die drehbar gelagerte Futterbox muss kräftig angestupst oder durch Einsatz der Zähne an den Seilen herumgezogen werden. Erst dann purzeln die gut sichtbaren Leckereien durch die seitlichen Öffnungen heraus.

Um in den Genuss der Leckerbissen in der Futterrolle zu kommen, muss sie mit Kopf oder Pfoten in Drehbewegung versetzt werden. Wegen der kleinen Öffnungen ist jedoch nicht jede Umdrehung von Erfolg gekrönt.

Die leckeren Häppchen sind zum Anbeißen nah, doch die Plexiglasscheibe verhindert den Zugriff. Erst nach Herausziehen der Lade können die Fellnasen genüsslich mampfen.

Futterturm mit gefüllten Schubladen. Doch erst wenn man die unterste Lade herauszieht, rutscht die nächste nach.

Voller Körpereinsatz gefragt. Durch Ziehen am Seil oder Drücken mit Nase oder Kopf lässt sich die Holzscheibe so drehen, dass ihre Öffnungen die Futterdepots im Unterteil freigeben.

Meerschweinchen brauchen viel Bewegung und Beschäftigung.

Je mehr Sie sich mit Ihren Fellnasen beschäftigen, desto zutraulicher und aufgeschlossener werden sie.

Spiel und Sport mit dem Menschen

Vertrauen ist die Basis für gemeinsamen Spielspaß. Entscheidend sind die ersten Stunden und Tage mit Ihren Tieren. Üben Sie sich in Geduld und lassen Sie den Meerschweinchen Zeit zum Eingewöhnen. Beim ersten Kennenlernen verhalten sich viele Kinder instinktiv richtig: Um ihre neuen Mitbewohner ganz genau unter die Lupe zu nehmen, legen sie sich flach auf den Bauch und begegnen den Meerschweinchen auf Augenhöhe. Das erleichtert die Kontaktaufnahme, da der Mensch jetzt nicht mehr wie ein bedrohlicher Riese erscheint. Sobald die misstrauischen Fellnasen nicht mehr beim leisesten Geräusch untertauchen, ist die erste Hürde überwunden. Beginnen Sie mit einfachen, nicht zu hektischen Spielen. Später darf es gern auch etwas turbulenter zugehen. Allerdings mag nicht jedes Meerschweinchen diese Art des Zeitvertreibs mit dem Halter. Akzeptieren Sie es, wenn eine Fellnase lieber mit den Artgenossen herumtollt. Auch das reine Beobachten der Tiere kann spannend und informativ sein.

Spielregeln für mehr Spaß am Spiel

Damit die Spielstunden mit Ihren Meerschweinchen harmonisch und erfolgreich verlaufen, sollten Sie diese Punkte beachten:

Viel Spaß: Die Spiel- und Sportaktivitäten sollen Spaß machen und alle Mitspieler begeistern. Nur so festigen Sie die Beziehung zu Ihren Schützlingen und bauen das Vertrauen weiter aus.

Perfektes Timing: Wenn die Meerschweinchen am Futtern sind, ein Nickerchen halten oder sich putzen, steht ihnen der Sinn nicht nach Spielen. Auch Sie selbst lassen sich sicher nicht gern im schönsten Mittagsschlaf stören. Nutzen Sie die Aktivitätsphasen der Tiere, dann haben Sie ihre volle Aufmerksamkeit und sie stürzen sich bereitwillig in ein neues, spannendes Abenteuer.

Sicher ist sicher: Auch bei Spiel und Sport darf die Möglichkeit zum Rückzug für die Meerschweinchen nicht fehlen. Mit einem leicht erreichbaren Unterschlupf im Rücken fühlen sie sich sicherer und zeigen sich viel ausgelassener.

Eigenwillige Typen: Ihr Meerschweinchen kapiert irgendwie gar nichts oder will nicht so, wie Sie wollen? Das ist selten ein Zeichen von Unvermögen, sondern eher von Unlust oder Dickköpfigkeit. Meerschweinchen lassen sich nicht wie ein Hund abrichten und wollen nicht auf Kommando spielen. Auch wenn man es ihnen nicht ansieht: Sie sind eigenwillige kleine Persönlichkeiten. Und genau das macht sie interessant und liebenswert. Respektieren Sie daher die Eigenarten und Vorlieben Ihrer Pfleglinge.

Der richtige Tonfall: Bei den ersten Spieleinheiten sollten Sie die Meerschweinchen mit sanfter Stimme ansprechen, um sie nicht zu erschrecken. Sobald Sie dann das volle Vertrauen Ihrer Schützlinge genießen, darf es auch etwas lauter zugehen. In der Regel können die Tiere Ihren Tonfall jetzt schon gut einordnen und erschrecken auch nicht, wenn Ihnen einmal ein lautstarker Ausruf herausrutscht.

Pausenzeit: Verlangen Sie von Ihren kleinen Spielpartnern nicht zu viel! Mehrere kurze Aktionseinheiten sind besser als ein Spiele-Marathon. Wenn die Meerschweinchen unaufmerksam werden und die Lust am Spiel verlieren, ist eine Pause angesagt.

Ein lohnendes Spiel: Natürlich wird der sportliche Einsatz Ihrer Meerschweinchen großzügig honoriert. Das macht auch Lust auf weitere Spielchen. Verzichten Sie bei den Leckerbissen aber auf unnötige Kalorienbomben. Die kleinen Gourmets wissen auch eine simple Karotte oder eine Miniportion ihres Lieblingsobsts zu schätzen.

Meerschweinchenherzen erobert man mit viel Geduld und gesunden Naschereien.

Spielspaß ohne Grenzen

Die gemeinsamen Aktivitäten stärken die Beziehung zwischen Meerschweinchen und Mensch. Den Spiel- und Sportideen sind keine Grenzen gesetzt, solange beide Spaß haben und die Tiere bei den Aktionen nicht gefährdet werden. Lassen Sie die Spielstunde nach dem anstrengenden Fitnessprogramm zusammen ausklingen. Vielleicht mit einem Kuschelangebot – aber nur, wenn die Meerschweinchen dazu auch in Stimmung sind.

Mit einem leckeren Köder angelt man sich nach und nach auch die Herzen der ängstlichen Fellnasen. Später kann das Gemüseangeln als sportliche Herausforderung eingesetzt werden, bei der sich die Meerschweinchen tüchtig recken und strecken müssen.

Eine Futterspur führt das Meerschweinchen im Slalom um die Hütchen. Später wartet nur noch am Ziel ein Leckerbissen. Nehmen Ihre Tiere nun eine Abkürzung?

Manche Meerschweinchen sind echte Sportskanonen und lassen sich zum Sprung durch den Reifen animieren.

Für das lustige Kegelspiel braucht es keine Kugel. Diese Funktion übernehmen die Fellnasen ganz von allein. Kaum sind die bunten Plastikflaschen aufgestellt, flitzen sie schon herbei, werfen die Kegel mit sichtlicher Begeisterung um und kicken sie anschließend durch das gesamte Gehege.

Nach anfänglichem Zögern begeistern sich viele Meerschweinchen für das Spiel mit den Bällen und beeindrucken ihren Halter nicht selten mit wirkungsvollen Nasenkicks.

Distanzspiele für Angsthasen

Wilde Aktionen erschrecken ängstliche Meerschweinchen und sind daher tabu. Für sie eignen sich »Distanzspiele«, bei denen anfangs etwas Abstand zwischen Halter und Tier gewahrt bleibt. So fühlen sich die Angsthasen sicher und fassen langsam Vertrauen. Beim beliebten Gemüseangeln (→ Bild, Seite 68) wird die zuerst lange Rute nach und nach gekürzt. Bald futtert Ihr Pflegling aus Ihrer Hand.

Mit Geduld gegen die Angst

Während einige Meerschweinchen schnell zutraulich werden und sich für jeden Spaß begeistern, reagieren andere selbst nach längerer Zeit noch ängstlich und misstrauisch. Dieses Verhalten basiert häufig auf einer unzureichenden Sozialisation oder negativen Erfahrungen, kann aber auch eine Frage des Charakters sein. Jedes Meerschweinchen ist eine eigenständige Persönlichkeit, und es gibt eben Draufgängern, Schmuseschweinchen, Kratzbürsten und Frechdachsen eben auch kleine Angsthasen, die ständig neu ermutigt werden müssen. Hier hilft nur viel Geduld – und natürlich das Lieblingsleckerli.

Entpuppt sich Ihr Meerschweinchen als echter Klettermax? Dann bieten Sie sich doch selbst als Kraxelobjekt an und stärken so die Beziehung zu Ihrer Fellnase.

Zeichnungen für das Bodengehege, Seite 15–19

Zeichnung 1a – Rückwand

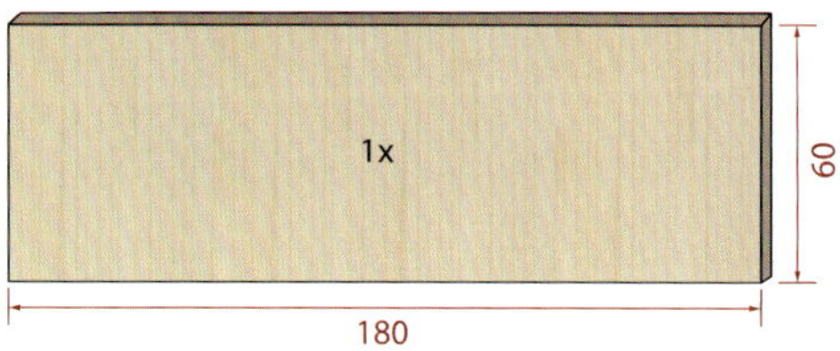

Zeichnung 1b – Seitenwände

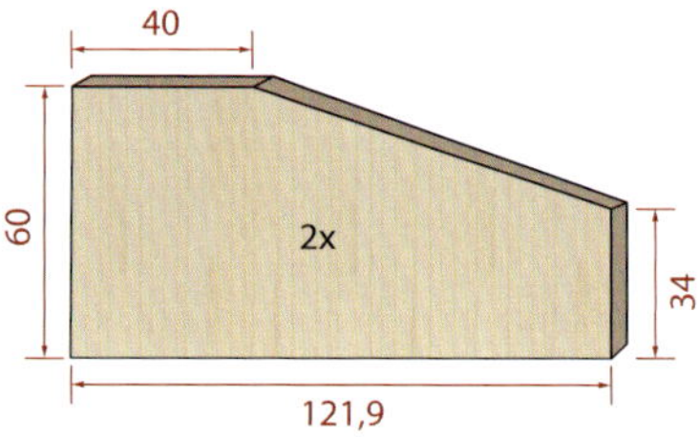

Zeichnung 1c – Zwischenbrett für Etage

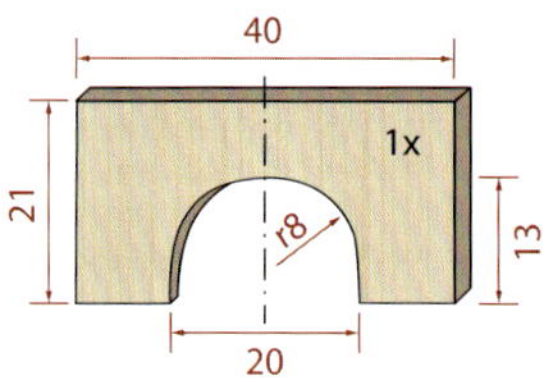

Zeichnungen für Schablonen, Seite 24

Zeichnung 2a – Schablone für kleine Öffnungen

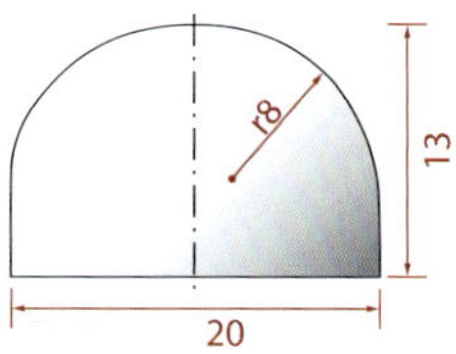

Zeichnung 2b – Schablone für große Öffnungen

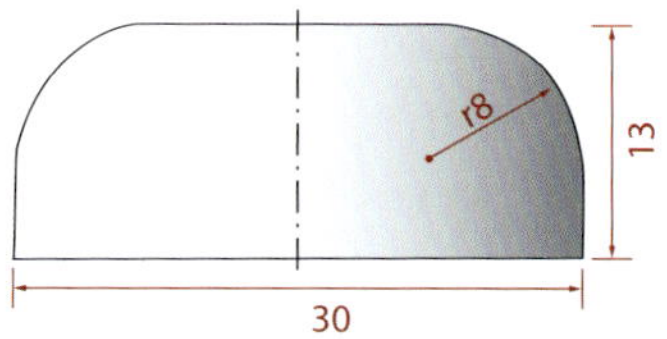

Zeichnungen für den Hausbau, Seite 28–30

Zeichnung 3a – Haus A, Vorder- und Rückwand

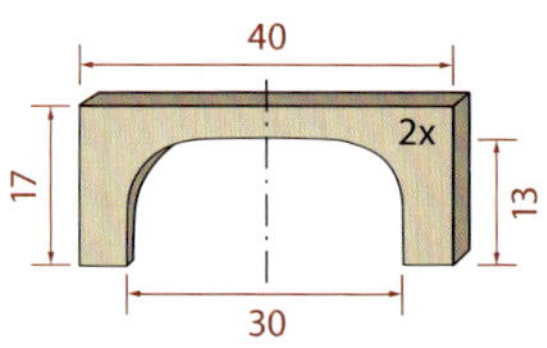

Zeichnung 3b – Haus A, Seitenwände

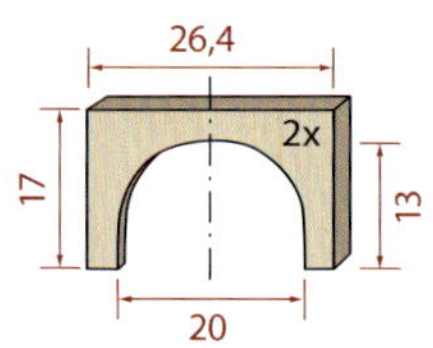

Alle Maßangaben ohne Bezeichnung in cm.

Zeichnung 3c – Haus A, Deckbrett

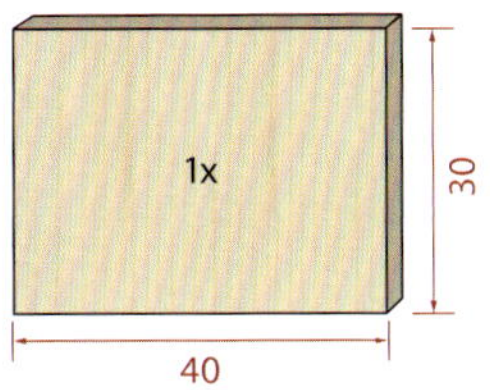

Zeichnung 4a – Haus B, Seitenwände

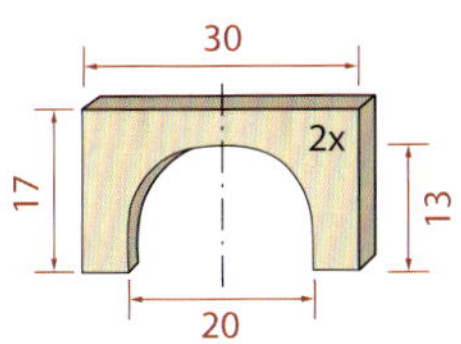

Zeichnung 4b – Haus B, Rückwand

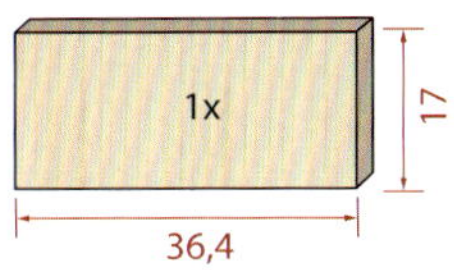

Zeichnung 4c – Haus B, Deckbrett

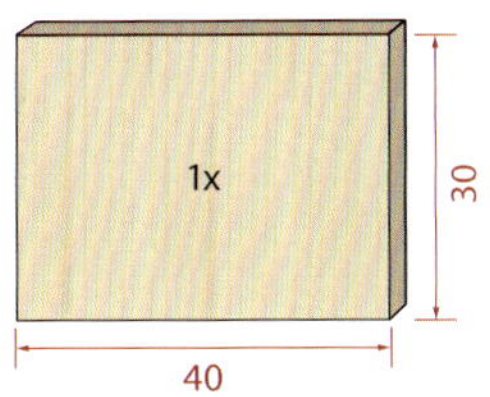

Zeichnung 5a – Haus C, Seitenwände

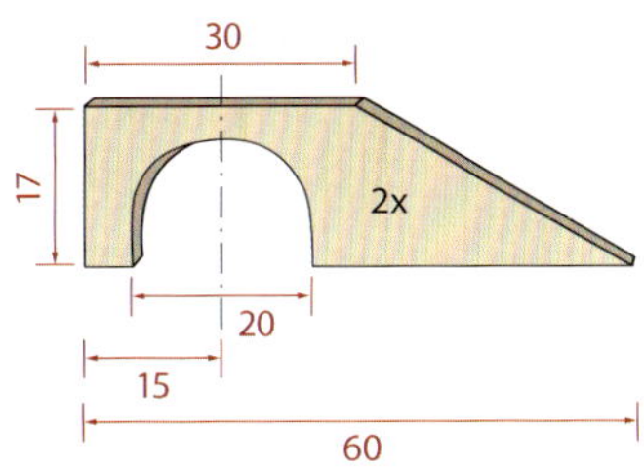

Zeichnung 5b – Haus C, Rückwand

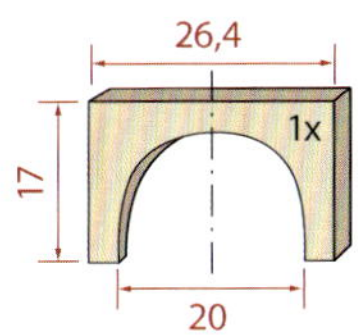

Zeichnungen für den Hausbau, Seite 28–30

Zeichnung 5c – Haus C, Deckbrett

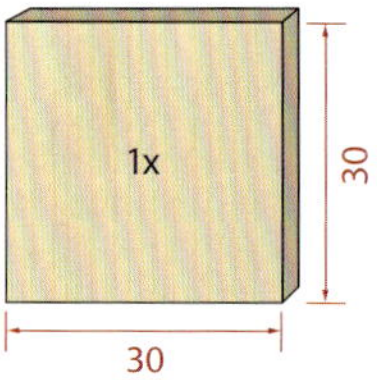

Zeichnung 5d – Haus C, Aufgang

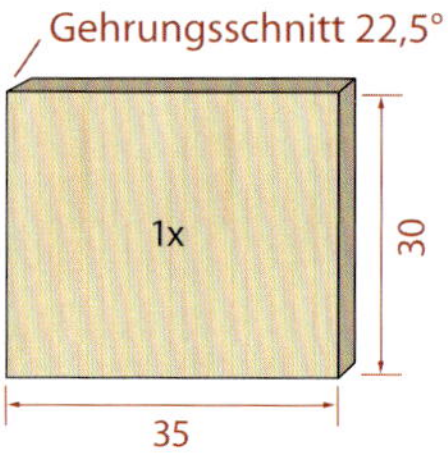

Zeichnung 6a – Haus D, Rückwand 1

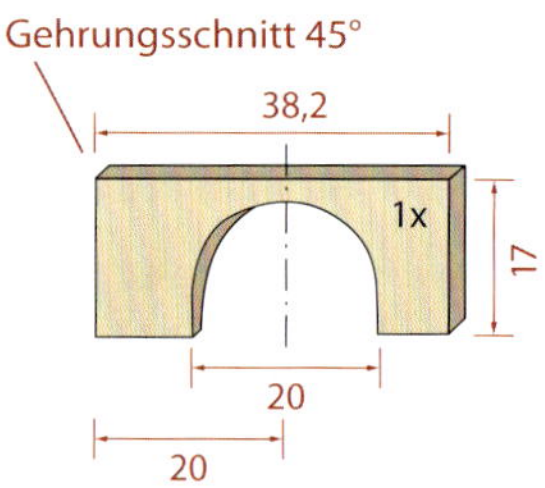

Zeichnung 6b – Haus D, Rückwand 2

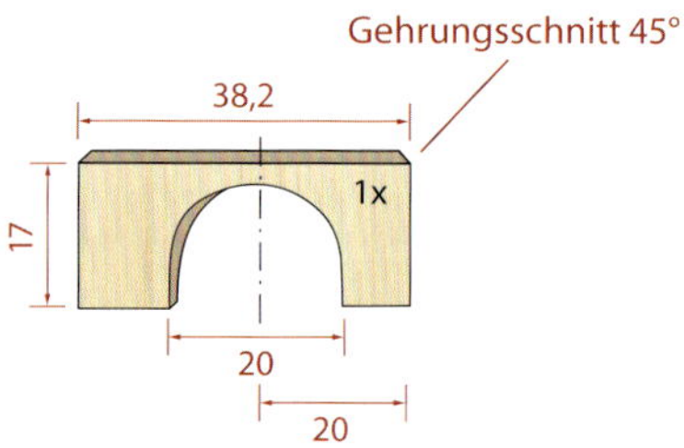

Zeichnung 6c – Haus D, Seitenwand 1

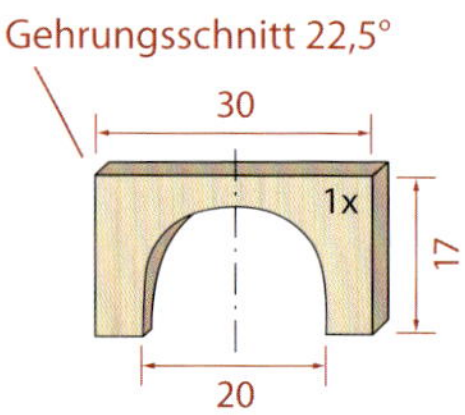

Zeichnung 6d – Haus D, Seitenwand 2

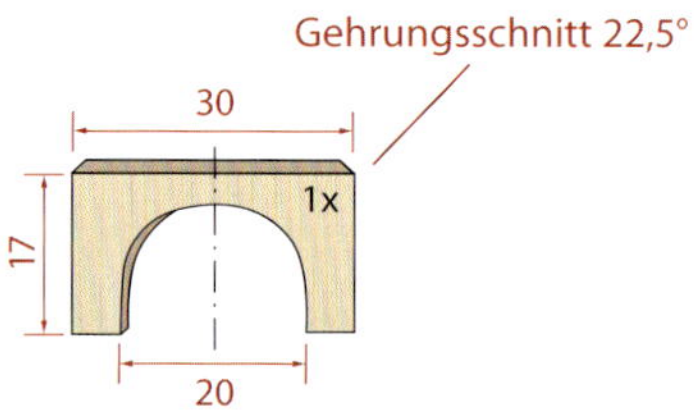

Zeichnung 6e – Haus D, Deckbrett

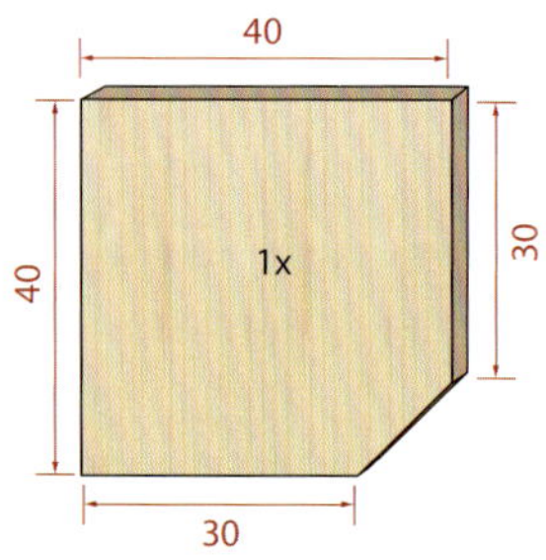

Zeichnung 6f – Haus D, Vorderbrett

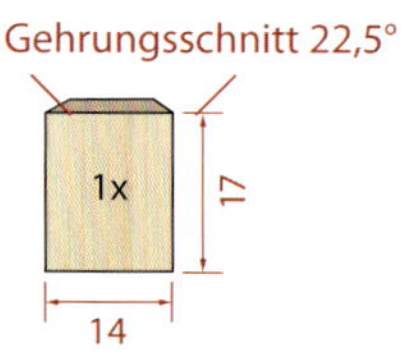

Alle Maßangaben ohne Bezeichnung in cm.

Zeichnung 7a – Haus E, Seitenwände

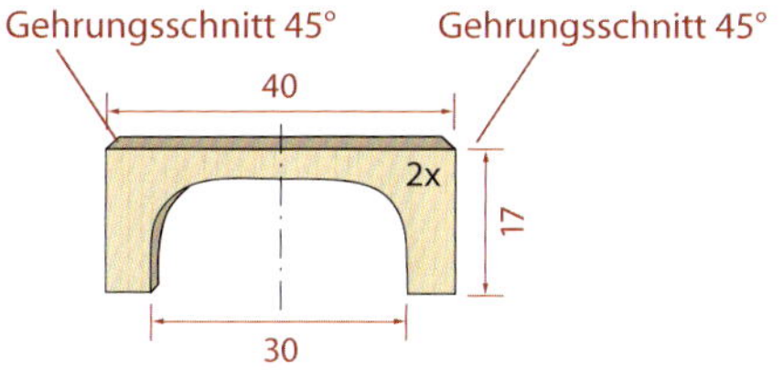

Zeichnung 7b – Haus E, Deckbrett

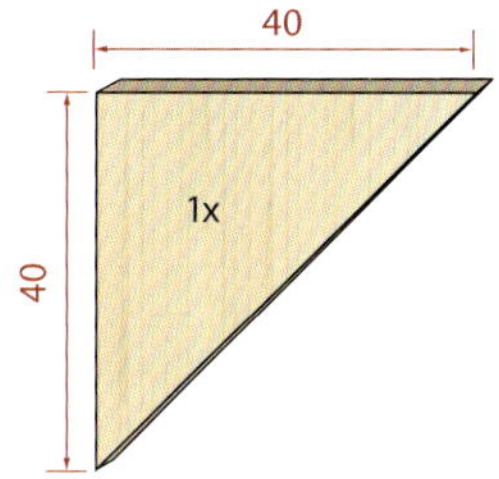

Zeichnung 7c – Haus E, Zwischenwand

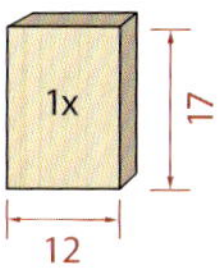

Zeichnung 8a – Haus F, Rückwand

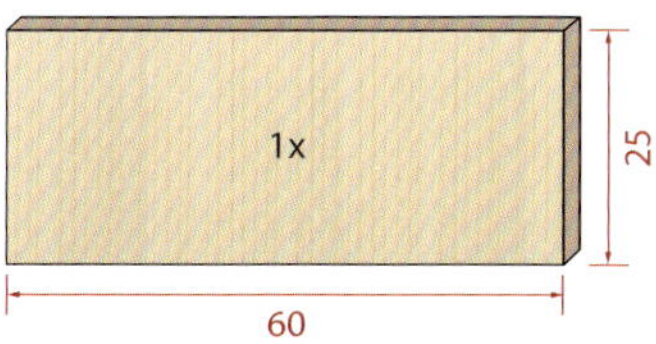

Zeichnung 8b – Haus F, Seitenwände

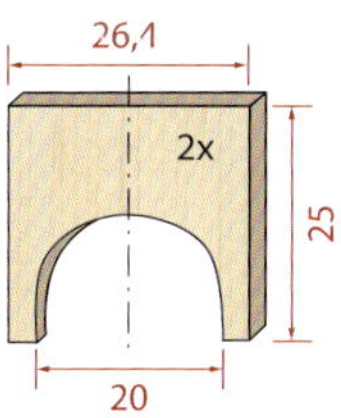

Zeichnung 8c – Haus F, Vorderwand

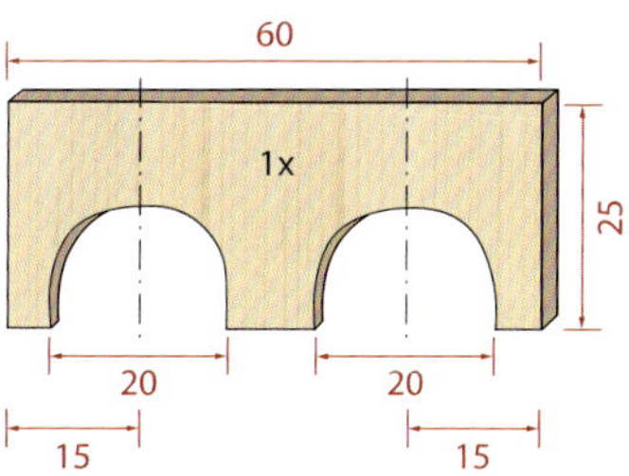

Zeichnung 8d – Haus F, Deckbrett

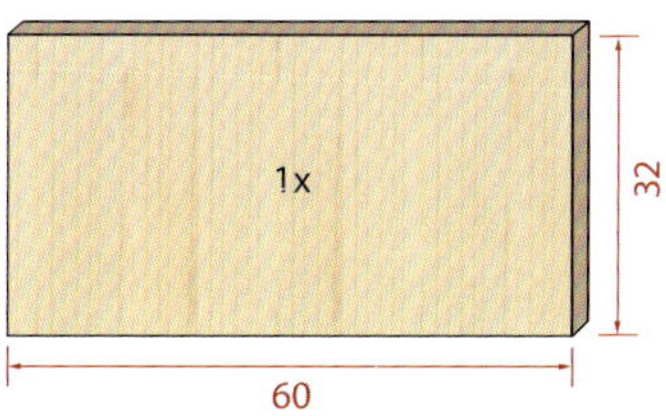

Zeichnungen für den Nischenbau, Seite 35

Zeichnung 9a – Rückwand

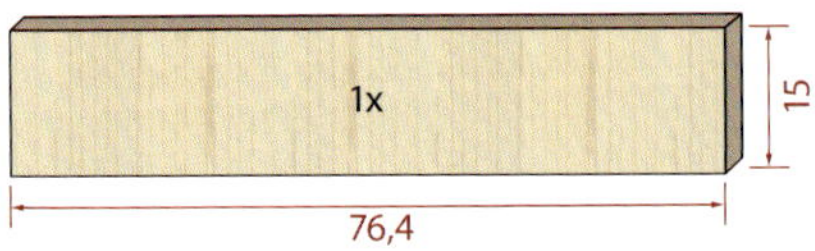

Zeichnung 9b – Seitenwände

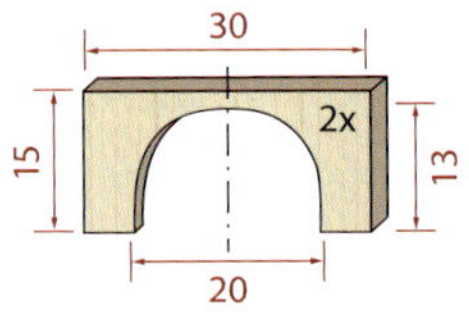

Zeichnung 9c – Deckbrett

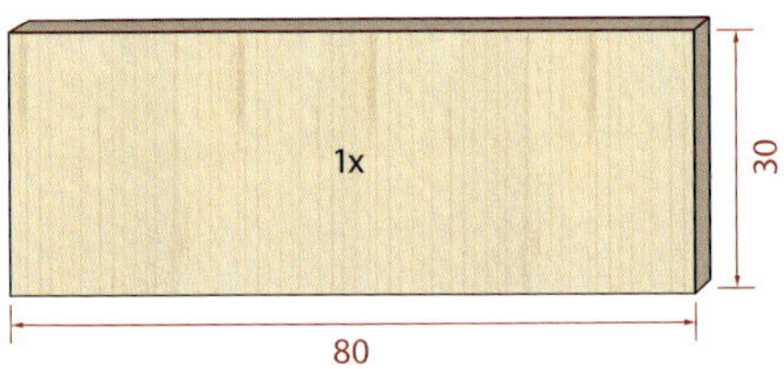

Zeichnung 9d – Zwischenwände

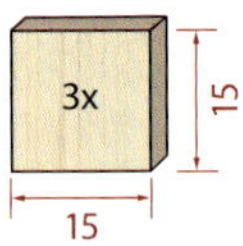

Zeichnungen für das Labyrinth mit Blockhütte, Seite 43–45

Zeichnung 10a – Blockhütte, Bodenplatte

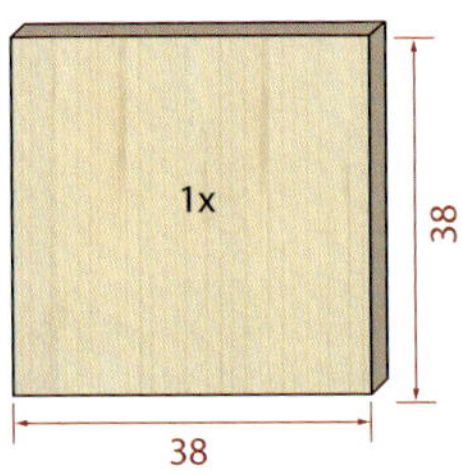

Zeichnung 10b – Blockhütte, Deckplatte

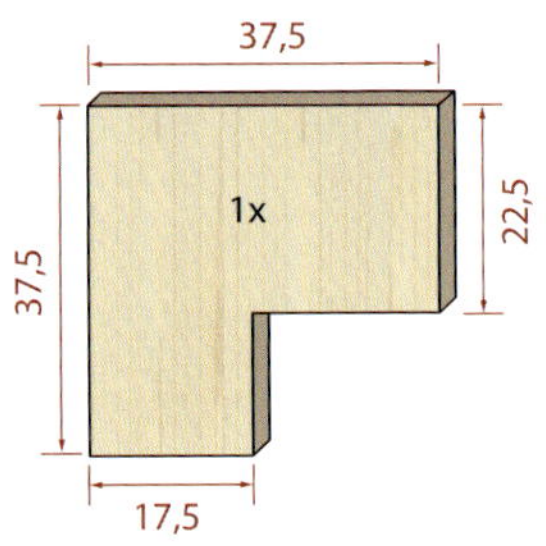

Alle Maßangaben ohne Bezeichnung in cm.

Zeichnungen für das Schaukelbett, Seite 53

Zeichnung 11a – Seitenwände

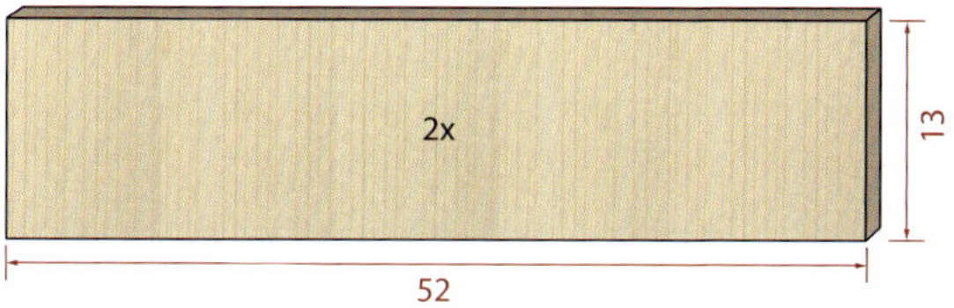

Zeichnung 11b – Kopf- und Fußteil

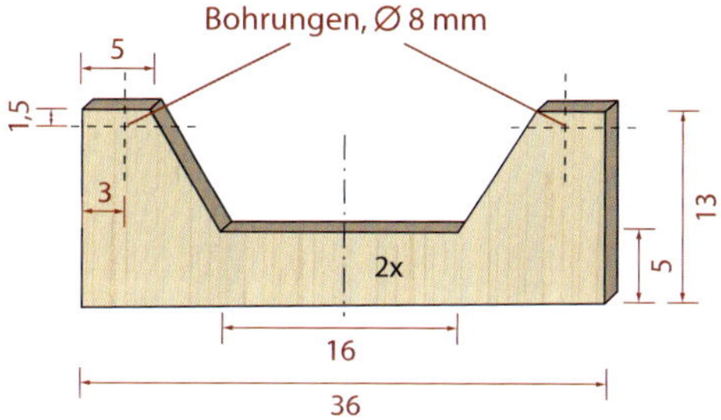

Zeichnungen für den Futterstreuer, Seite 63

Zeichnung 12a – Bodenplatte

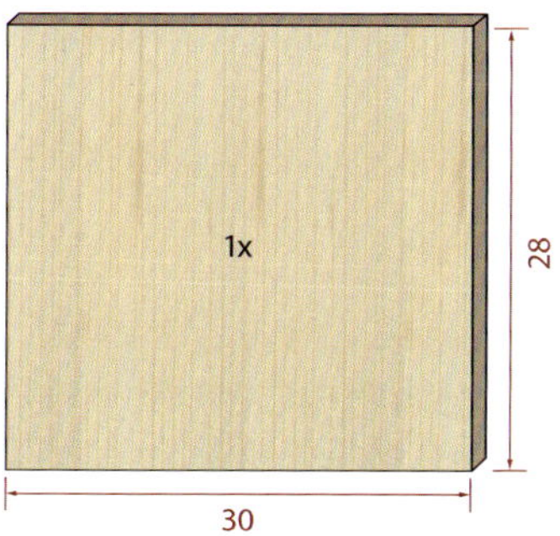

Zeichnung 12b – Seitenwände

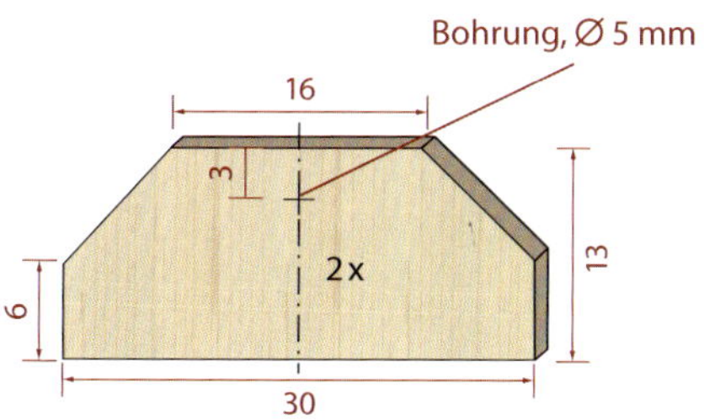

Halbfett gesetzte Seitenzahlen verweisen auf Abbildungen.
UK = Umschlagklappe

Die Inhalte dieses Buches beziehen sich auf die Bestimmungen des deutschen Tier- bzw. Artenschutzes. In anderen Ländern können die Angaben abweichen. Erkundigen Sie sich bitte im Zweifelsfall bei Ihrem Zoofachhändler oder bei der entsprechenden Behörde.

Adressen

Deutscher Tierschutzbund e. V., Baumschulallee 15, 53115 Bonn, www.tierschutzbund.de
Meerschweinchenfreunde Deutschland, Bundesverband Deutschland (MFDBD) e. V., Postfach 250222, 68085 Mannheim, www.meerschweinchenfreunde.de
Verein Deutscher Meerschweinchenzüchter e. V., Karin Stüber, Hommelsheimstr. 7, 53359 Rheinbach, www.meerschweinchen.de
Verein der Meerschweinchenfreunde in Österreich e. V., Oberzellergasse 1/17/9, A-1030 Wien, www.meerschweinchenverein.at
Schweizer Tierschutz (STS), Dornacherstr. 101, CH-4008 Basel, www.tierschutz.com
Beratungsstelle Tel.: (0041) 61-3659999
Bundesarbeitsgruppe Kleinsäuger e. V., Binzer Str. 11, 04207 Leipzig, www.bag-kleinsaeuger.de
Bundesverband praktizierender Tierärzte (BPT) e. V., www.smile-tierliebe.de
Über das Online-Tierärzteverzeichnis des BPT finden Sie Tierärzte in Ihrer Nähe.

Wichtige Hinweise

Schutz vor Verletzungen Achten Sie bitte immer darauf, dass bei Ihren Eigenbauten keine Gefahrenquellen entstehen, an denen sich die Tiere verletzen können.
Frei von Gift Verwenden Sie zur Behandlung des Holzes ausschließlich ungiftige Farben und Lacke.
Sicherheit Sichern Sie die Gehege der Meerschweinchen gegen Ein- und Ausbruch, auch in der Wohnung.

Gesellschaft für ganzheitliche Tiermedizin e. V. (GGTM), Mooswaldstraße 7, 79227 Schallstadt, www.ggtm.de
Die GGTM vermittelt Tierärzte, die auf der Basis von Naturheilverfahren arbeiten.

Fragen zur Haltung beantworten

Ihr Zoofachhändler und der **Zentralverband Zoologischer Fachbetriebe Deutschlands e. V. (ZZF),** nur telefonische Auskunft unter (0611) 44755332, Mo 12–16 Uhr und Do 8–12 Uhr, www.zzf.de

Bücher

Birmelin, I.: **Mein Meerschweinchen.** Gräfe und Unzer Verlag, München
Morgenegg, R.: **Artgerechte Haltung – ein Grundrecht auch für Meerschweinchen.** Kaufmann, tb-Verlag, Lahr
Schmidt, E.: **Meerschweinchen im Außengehege.** Gräfe und Unzer Verlag, München
Schmidt, E.: **Meerschweinchen – Wohlfühlheime gestalten.** Gräfe und Unzer Verlag, München

Informative Webadressen

www.meerschwein.de
www.meerschweinchen.com
www.meerschweinchenhilfe.de
www.meerschweinsite.de
www.nagerstation.ch

Informationen über Pflanzen, die für Kleinsäuger giftig sind, finden Sie unter:
www.giftpflanzen.de
www.botanicus.de

Dank

Für die freundliche Unterstützung der Fotoproduktion danken Autorin, Fotograf und Verlag Firma Trixie Heimtierbedarf, www.trixie.de; Rodenti e. K., www.rodipet.de; Nagetierhaus Schütz, www.nagetierhaus-schuetz.de; Kuschelkram, www.kuschelkram.de; Das Heimtierparadies, www.das-heimtierparadies.de; Plüschnasenshop, www.plueschnasen.de; Cavivita, www.cavivita.de. Die Autorin dankt ganz besonders ihrer Familie, die sie tatkräftig bei der Planung und dem Bau der Meerschweinchenhäuser unterstützte.

Die werden Sie auch lieben.

ISBN 978-3-8338-0060-3

ISBN 978-3-8338-0521-9

ISBN 978-3-8338-1714-4

ISBN 978-3-8338-2208-7

ISBN 978-3-8338-1520-1

ISBN 978-3-8338-2463-0

www.gu.de: Blättern Sie in unseren Büchern, entdecken Sie wertvolle Hintergrundinformationen sowie unsere Neuerscheinungen.

Willkommen im Leben.

Unsere Garantie

Alle Informationen in diesem Ratgeber sind sorgfältig und gewissenhaft geprüft. Sollte dennoch einmal ein Fehler enthalten sein, schicken Sie uns das Buch mit dem entsprechenden Hinweis an unseren Leserservice zurück. Wir tauschen Ihnen den GU-Ratgeber gegen einen anderen zum gleichen oder ähnlichen Thema um.

Liebe Leserin und lieber Leser,

wir freuen uns, dass Sie sich für ein GU-Buch entschieden haben. Mit Ihrem Kauf setzen Sie auf die Qualität, Kompetenz und Aktualität unserer Ratgeber. Dafür sagen wir Danke! Wir wollen als führender Ratgeberverlag noch besser werden. Daher ist uns Ihre Meinung wichtig. Bitte senden Sie uns Ihre Anregungen, Ihre Kritik oder Ihr Lob zu unseren Büchern. Haben Sie Fragen oder benötigen Sie weiteren Rat zum Thema? Wir freuen uns auf Ihre Nachricht!

Wir sind für Sie da!
Montag – Donnerstag:
8.00 – 18.00 Uhr;
Freitag: 8.00 – 16.00 Uhr
Tel.: 08 00/7 23 73 33
Fax: 08 00/5 01 20 54
(kostenfreie Servicenummern)
E-Mail: leserservice@graefe-und-unzer.de

P.S.: Wollen Sie noch mehr Aktuelles von GU wissen, dann abonnieren Sie doch unseren kostenlosen GU-Online-Newsletter und/oder unsere kostenlosen Kundenmagazine.

GRÄFE UND UNZER VERLAG
Leserservice
Postfach 86 03 13
81630 München

Projektleitung: Cornelia Nunn
Lektorat: Gerd Ludwig
Bildredaktion: Daniela Jelinek, Petra Ender (Cover)
Umschlaggestaltung und Layout: independent Medien-Design, Horst Moser, München
Herstellung: Susanne Mühldorfer
Satz: Uhl + Massopust, Aalen
Reproduktion: Longo AG, Bozen
Gesamtherstellung: Firmengruppe APPL, aprinta druck, Wemding
Printed in Germany
ISBN 978-3-8338-2601-6
1. Auflage 2013

www.facebook.com/gu.verlag

Umwelthinweis

Dieses Buch ist auf PEFC-zertifiziertem Papier aus nachhaltiger Waldwirtschaft gedruckt.

GRÄFE UND UNZER

Ein Unternehmen der
GANSKE VERLAGSGRUPPE

Die Autorin

Esther Schmidt ist eine erfahrene Hobbyzüchterin von Meerschweinchen, Kaninchen und anderen Kleintieren. Ihr Anspruch ist es, Haltungsbedingungen zu schaffen, die denen in den ursprünglichen Lebensräumen der Tiere nahe kommen. Durch intensiven Kontakt hat sie sich die enge Vertrautheit zu ihren Meerschweinchen bewahrt.

Der Fotograf

Oliver Giel hat sich zusammen mit Eva Scherer auf die Bildproduktion von Tier- und Naturthemen spezialisiert. Ihre Arbeiten kommen neben Büchern auch in Zeitschriften, Kalendern und der Werbung zum Einsatz. Ein umfangreiches Bildarchiv und weitere Infos unter: www.tierfotograf.com

Alle Fotos in diesem Buch stammen von **Oliver Giel** mit Ausnahme von: **Regina Kuhn:** 6-3, 6-5, 8-1, 8-2, 8-4, 9-1, 9-4, 9-5, 80. Alle Zeichnungen stammen von **Claudia Lieb**.

Syndication:
www.jalag-syndication.de